Nora Haydee Quispe Bellido
Yesica Magnolia Mamani Arpasi
Juan de Dios Hermogenes Ticona Quispe

SISTEMA DE GESTIÓN DE SEGURIDAD Y SALUD OCUPACIONAL

Nora Haydee Quispe Bellido
Yesica Magnolia Mamani Arpasi
Juan de Dios Hermogenes Ticona Quispe

SISTEMA DE GESTIÓN DE SEGURIDAD Y SALUD OCUPACIONAL

Propuesta de planificación para gestionar el control de riesgos laborales en una empresa peruana

Editorial Académica Española

Imprint
Any brand names and product names mentioned in this book are subject to trademark, brand or patent protection and are trademarks or registered trademarks of their respective holders. The use of brand names, product names, common names, trade names, product descriptions etc. even without a particular marking in this work is in no way to be construed to mean that such names may be regarded as unrestricted in respect of trademark and brand protection legislation and could thus be used by anyone.

Cover image: www.ingimage.com

Publisher:
Editorial Académica Española
is a trademark of
Dodo Books Indian Ocean Ltd. and OmniScriptum S.R.L publishing group

120 High Road, East Finchley, London, N2 9ED, United Kingdom
Str. Armeneasca 28/1, office 1, Chisinau MD-2012, Republic of Moldova, Europe
Printed at: see last page
ISBN: 978-613-9-02464-3

SISTEMA DE GESTIÓN DE SEGURIDAD Y SALUD OCUPACIONAL

Propuesta de planificación para gestionar el control de riesgos laborales en una empresa peruana

Nora Haydeé Quispe Bellido

Yesica Magnolia Mamani Arpasi

Juan de Dios Hermogenes Ticona Quispe

Índice de contenido

Índice de tablas

Índice de figuras

Introducción

En los últimos años el Sistema de Gestión de Seguridad y Salud en el Trabajo (SGSST) se ha convertido en uno de los sistemas más utilizados entre las organizaciones de producción y servicios para potenciar entornos saludables laborales al proporcionar un ambiente que pueda identificar y controlar de manera eficaz los riesgos para la salud, disminuir los accidentes, respaldar la ejecución de los requisitos legales vigentes en materia de salubridad y mejorar el rendimiento[1].

Es importante notar que la norma OHSAS 18001 fue desarrollada para prevenir riesgos laborales[2]. La especificación de estándares para SGSST posibilita a las empresas controlar los riesgos de seguridad y salud en el trabajo en función de la mejora continua[3].

En este sentido, se presenta una propuesta para el diseño de un sistema de gestión en empresas peruanas, a fin de que diversas organizaciones puedan usarlo y contribuya a la mejora continua de su rendimiento.

Por ello, este libro se estructura en cinco capítulos. El capítulo primero contiene información sobre la salud y seguridad ocupacional, así como las medidas y condiciones laborales para prevenir riesgos. En cuanto al capítulo segundo, se establece una revisión del marco legal relacionado con gestión de riesgos, en particular relacionada con la norma OHSAS 18001. Por su parte, en el capítulo tercero se describen estudios enfocados en la temática de gestión de riesgos y situaciones que se han presentado en el país.

Seguido, se desarrolla el capítulo con el diseño del sistema de seguridad y salud laboral para una empresa de saneamiento a partir de un diagnóstico que revele su situación y lo que debe mejorar para el bienestar del personal. Por último, el capítulo quinto trata

---

[1] Ministerio de Trabajo, Empleo y Seguridad Social. Salud y Seguridad en el Trabajo (SST). *Aportes para una cultura de la prevención*. Argentina, OIT, 2014, disponible en [https://www.ilo.org/wcmsp5/groups/public/@americas/@ro-lima/@ilo-buenos_aires/documents/publication/wcms_248685.pdf].

[2] Organización Internacional del Trabajo. *La seguridad y salud en el trabajo en Perú. Una mirada desde los convenios internacionales del trabajo no ratificado*. Perú, OIT, 2022, disponible en [https://www.ilo.org/wcmsp5/groups/public/---americas/---ro-lima/documents/publication/wcms_884854.pdf].

[3] Asociación Española de Normalización y Certificación (Ed.). *OHSAS 18001:2007. Sistemas de gestión de la seguridad y salud en el trabajo - Requisitos*. Madrid, AENOR, 2007, disponible en [https://infomadera.net/uploads/descargas/archivo_49_Sistemas%20de%20gesti%C3%B3n%20de%20seguridad%20y%20salud%20OHSAS%2018001-2007.pdf].

sobre la importancia de elaborar y ejecutar un plan de emergencia en las empresas a nivel mundial, para prevenir riesgos ocasionados por la naturaleza o por el hombre, a fin de reducir los accidentes laborales e incrementar la productividad del país.

CAPÍTULO PRIMERO:

SEGURIDAD Y SALUD OCUPACIONAL: MEDIDAS PARA EL CONTROL DE RIESGOS

I. Evolución histórica de salud y seguridad laboral

A medida que se ha generado cambios sociales, tecnológicos, legales y éticos en el entorno actual, también se la seguridad ha evolucionado.

En cuanto a la salud laboral, consta de tres áreas principales, estas son la medicina laboral, la salud ocupacional y la seguridad industrial. "A través de la salud ocupacional se pretende mejorar y mantener la calidad de vida y salud de los trabajadores y servir como instrumento para mejorar la calidad, productividad y eficiencia de las empresas"[4].

Desde el año 1997 se ha iniciado un periodo de innovación y cambio de paradigma como en el ámbito minero, ya que ha sido posible una reducción controlada de la cantidad de muertes por accidentes[5]. En tal sentido, se generaron varias teorías, entre las que se encuentran:

— La gestión de seguridad y salud en el trabajo pasó a ser responsabilidad de las empresas y luego a estar bajo el control del gobierno según la regulación de disposiciones legales.

— La seguridad consiste en ejercer el control sobre los riesgos, no en cometerlos (accidentes).

— Tanto las organizaciones empresariales como sus empleados tienen la responsabilidad de evaluar e identificar los riesgos en el trabajo para aplicar acciones que permitan tratarlos.

— Se labora por equipos.

---

[4] Fernando Henao Robledo. *Salud Ocupacional: conceptos básicos*, 2.ª ed., Bogotá, Colombia, Ecoe Ediciones, 2010, p. 33.

[5], Arturo Miguel Pérez Cabrera. "Incidencia de los riesgos por accidentes en los costos operativos de las concesiones mineras de recursos no metálicos de Patapo – Lambayeque" (tesis de pregrado). Pimentel, Perú, Universidad Señor de Sipán, 2019, disponible en [https://repositorio.uss.edu.pe/handle/20.500.12802/5551].

— Se emplean acciones correctiva con el fin de anticiparse a situaciones de riesgo.

— El encargado de la seguridad ocupacional es el propietario, no el ingeniero de seguridad (organizador, consultor y gestor de seguridad.

II. Seguridad industrial

Mancera *et al.*[6] definen la seguridad industrial como toda aquella actividad encaminada a prevenir, identificar y controlar las acusas de los accidentes industriales. Su propósito es prever factores de riesgos particulares y generales presentes en el espacio de trabajo que sean causales reales o potenciales de accidentes.

Entonces, es un campo multidisciplinar encargado de reducir el riesgos de accidentes dentro de una empresa, cuyas actividades, cualesquiera sean su naturaleza, presentan peligros intrínsecos que requieren de una gestión adecuada[7].

De acuerdo con Cortés[8], los riesgos fundamentales en este sector se relacionan con accidentes y enfermedades que impactan de manera significativa dentro y fuera de la empresa donde ocurrió el accidente. Por ende, la seguridad industrial no solo debe acatar la normativa legal vigente relativo a la seguridad y salud en el trabajo, sino también llevar a cabo los respectivos requerimientos marcados por las empresas en función de sus actividades; los empleados deben contar con ropa adecuada y otros elementos esenciales, también requieren de supervisión médica, controles técnicos y capacitaciones sobre la gestión de riesgos.

Es necesario destacar que la seguridad en el sector industrial es relativa, puesto que no garantiza que no se genere ningún accidente[9].

---

[6] Mario Mancera Fernández, María Teresa Mancera Ruíz, Mario Ramón Mancera Ruíz y Juan Ricardo Mancera Ruíz. *Seguridad e higiene industrial. Gestión de riesgos*. Colombia, Editorial Alfaomega, 2012, disponible en [https://ashconsultores.com.ar/wp-content/uploads/2019/06/Libro_Seguridad_e_Higiene_industrial_ges.pdf], p. 12.

[7] Juan Daniel Hernández Domínguez. "Seguridad ocupacional para prevenir accidentes en la industria". *Revista Iberoamericana de Producción Académica y Gestión Educativa*, vol. 5, n.° 10, 2018, pp. 1 a 9, disponible en [https://www.pag.org.mx/index.php/PAG/article/view/773/1109].

[8] José María Cortés Díaz. Seguridad e higiene del trabajo: Técnicas de prevención de riesgos laborales, 12.ª ed., Madrid, España, Tébar, 2012.

[9] Jaime Antonio Ortega Alarcón, Jorge Rafael Rodríguez López y Hugo Hernández Palma. "Importancia de la seguridad de los trabajadores en el cumplimiento de procesos, procedimientos y funciones". *Revista*

III. Salud y seguridad laboral

La salud en el entorno de trabajo se refiere a las enfermedades o situaciones de peligro vinculadas o no con su labor en una empresa específica, así como aquellas ligadas a un entorno externo al ambiente laboral[10].

Según Pastor *et al.*[11], la implementación de una evaluación de riesgos no debe considerarse de ninguna manera como un refuerzo burocrático, que no es un fin en sí mismo, sino como un medio para lograr las metas corporativas, la identificación de riesgos y, si es esencial, emplear medidas preventivas. Por tanto, es indispensable que:

— Se elimine o minimice los riesgos por medio de medidas preventivas en el origen, organización, que protejan de manera individual o colectiva, o incluso durante la formación y el suministro de datos al personal.

— Se controle de manera reiterada los espacios laborales, las técnicas, la estructura organizativa y se proteja la salud de los trabajadores[12].

Esto es una de los aspectos claves en las actividades laborales y se entienden como elementos interdependientes que establecen una política de seguridad y salud en el entorno laboral, fomentando una cultura de prevención de riesgos y, a su vez, optimizando los espacios de trabajo durante la ejecución de la tarea[13].

A. El trabajo y la salud

El hombre ha usado los bienes existentes para su propio beneficio desde su aparición, de esta manera lograr satisfacer sus necesidades nutricionales y de protección.

Así pues, durante la evolución de la humanidad se formaron sociedades, por tanto, los bienes naturales empleados no solo satisfacían necesidades individuales, sino que se

Academia & Derecho, vol. 8, n.° 14, 2017, pp. 155 a 176, disponible en [https://dialnet.unirioja.es/servlet/articulo?codigo=6713605].

[10] Eduardo Raffo Lecca. *Introducción a la seguridad y salud en el trabajo*. Lima, Colecciones Jovic, 2016.

[11] Andrés Pastor Fernández, Manuel Otero Mateo, José María Portela Núñez y José Luis Viguera Cebrián. *Manual de prácticas de seguridad en el trabajo*. España, Editorial UCA, 2016.

[12] Rafael Rodríguez Mesa. *Sistema general de riesgos laborales*, 3.ª ed., Colombia, Universidad del Norte, 2017.

[13] ENEL. *Reglamento interno de seguridad y salud en el trabajo*. Lima, Perú, ENEL, 2021, disponible en [https://www.enel.pe/content/dam/enel-pe/sostenibilidad/sistemas-de-gesti%C3%B3n/enel-distribuci%C3%B3n/sistemas-de-gesti%C3%B3n-actualizados/Reglamento%20Interno%20de%20Seguridad%20y%20Salud%20en%20el%20Trabajo%20-%20V9.pdf].

crearon otros usos, por ejemplo, para actividades recreativas. Entonces estas necesidades generadas y el crecimiento demográfico, así como las propias limitaciones de la naturaleza, exigen optimizar el uso de estos recursos[14].

Por ende, se rediseña el uso de los recursos naturales para lograr un mayor rendimiento. Este proceso de conversión se denomina trabajo.

Sin embargo, esta conversión puede superar las capacidades de una persona y, por su carácter descontrolado, suponen un riesgo para la salud de este. Dicha fuente de riesgo a la salud se denomina peligro.

ENEL[15] indica que el peligro es la cualidad de una situación, material o equipo que pueda dañar a individuos, el medioambiente o el patrimonio cultural. Mientras que el riesgo laboral se define como la probabilidad de que un empleado sufra lesiones debido a la labor realizada. El riesgo se categoriza según u gravedad, se evalúa junto con la ocurrencia y su severidad.

IV. Sistema nacional de seguridad y salud laboral

Consiste en todos aquellos actores y normas reguladas al interior de un país y dentro de los marcos legales nacionales con el fin de facilitar cómo prevenir riesgos en el entorno laboral y al fomento de las condiciones laborales, tales como el desarrollo de normas legales, inspecciones, capacitaciones, fomento y apoyo e información, registro, atención y seguros de salud, participación y consulta a los empleados para identificar y examinar de manera reiterada las actividades encaminadas a asegurar la protección del empleado; mientras tanto, para los empresarios, se prioriza la ejecución de cada proceso y se fomentan estrategias competitivas que garanticen una posición en el mercado[16].

---

[14] Maritza Edilma Sabogal Barbosa y Félix Eduardo Rodríguez Medina. "Competencias del técnico en el área de trabajo. Un análisis del programa técnico manejo de prevención de riesgos laborales de la Fundación Universitaria San Mateo". *Plataforma Abierta de Libros y Memorias Académicas*, vol. 1, 2019, pp. 9 a 36, disponible en [https://cipres.sanmateo.edu.co/ojs/index.php/libros/article/view/396].

[15] ENEL. *Reglamento interno de seguridad y salud en el trabajo*, cit.

[16] Ministerio de Trabajo y Promoción del Empleo. *Ley de Seguridad y Salud en el Trabajo, su reglamento y modificatorias*. Lima, Perú, MTPE, 2017, disponible en [https://cdn.www.gob.pe/uploads/document/file/349382/LEY_DE_SEGURIDAD_Y_SALUD_EN_EL_TRABAJO.pdf].

V. Supervisor de seguridad y salud laboral

Se refiere a un trabajador que dispone de las habilidades y competencias necesarias para ejercer sus funciones de supervisión, elegido por los encargados de una organización u otra entidad, a un máximo de veinte empleados[17]. Es el encargado de verificar los índices relacionados con los accidentes en los trabajos. Algunos de los índices evaluados son[18]:

— *Índice de frecuencia (IF).* Se refiere a la cantidad de accidentes mortales e incapacitantes por millón de horas trabajadas. El cálculo se realiza con esta fórmula:

$$IF = \frac{N° \, Accidentes \ \times 1\,000\,000 \ (N° \, Accidentes = Incap. + fatal)}{Horas \ hombre \ trabajadas}$$

— *Índice de Severidad (IS).* Consiste en la cantidad de días perdidos o facturados por millón de horas trabajadas. El cálculo se efectúa mediante esta fórmula:

$$IS = \frac{N° \, Días \ perdidos \ o \ cargados \ \times 1\,000\,000}{Horas \ hombre \ trabajadas}$$

— *Índice de Accidentabilidad (IA).* Es una medida que combina el IF y el IS, por tanto, el producto resultante de los índices antes mencionados se divide entre mil.

$$IA = \frac{IF \ \times IS}{1000}$$

VI. Condiciones laborales

Es aquella característica (local, de instalaciones, equipos, etc.) que afecta de manera significativa la aparición de riesgos al interior o exterior del entorno laboral de un trabajador[19].

Los elementos contaminantes y naturales que se hallan en el entorno ocupacional y los procedimientos para su utilización también influyen en la generación de riesgos.

[17] Ídem.

[18] Liliana Rosalinda Agustini Paredes, Pedro Pablo Rosales López y Anwar Julio Yaroin Achachagua. *Ratios de accidentabilidad.* Lima, Perú, Universidad Nacional Mayor de San Marcos, 2021, disponible en [https://industrial.unmsm.edu.pe/wp-content/uploads/2021/04/PSEG103-Ratios-de-Accidentabilidad.pdf].

[19] Mancera Fernández, Mancera Ruíz, Mancera Ruíz y Mancera Ruíz. *Seguridad e higiene industrial. Gestión de riesgos*, cit.

Así mismo, todas aquellas otras características del trabajo, incluidas las relativas a su organización y ordenación, inciden en la magnitud de los riesgos a los que está expuesto el trabajador.

Las características que deben poseer las condiciones de trabajo son locales, instalaciones, equipos, productos, útiles, agentes (físicos, químicos, biológicos y ergonómicos, procesos y de organización).

De igual modo, es importante integrar:

— el centro de trabajo, en especial su emplazamiento y accesibilidad;
— la actividad global de la empresa;
— la actividad de empresas colindantes;
— actividades simultáneas no habituales (realización de proyectos ampliaciones y cambios en general);
— y situaciones de emergencia.

En cuanto a las situaciones de emergencia:

— incendios;
— explosiones;
— fugas de gases nocivos;
— derrames incontrolados de productos peligrosos
— y radiaciones ionizantes.

A. Daños derivados del trabajo

Según la OMS, "la salud es el estado de bienestar físico, mental y social completo y no meramente la ausencia de daño o enfermedad"[20].

El aspecto más importante de esta definición es la triple dimensión que plantea, y la importancia de que las tres se encuentren en equilibrio. Así mismo, este concepto representa el hecho como un elemento social que coadyuva al progreso de una sociedad y al desarrollo de las personas que la conforman.

[20] Gustavo Alcántara Moreno. "La definición de salud de la Organización Mundial de la Salud y la interdisciplinariedad". *Sapiens, Revista Universitaria de Investigación*, vol. 9, n.° 1, 2008, pp. 93 a 107, disponible en [https://www.redalyc.org/pdf/410/41011135004.pdf], p. 96.

Figura 1. Representación esquemática del concepto de salud

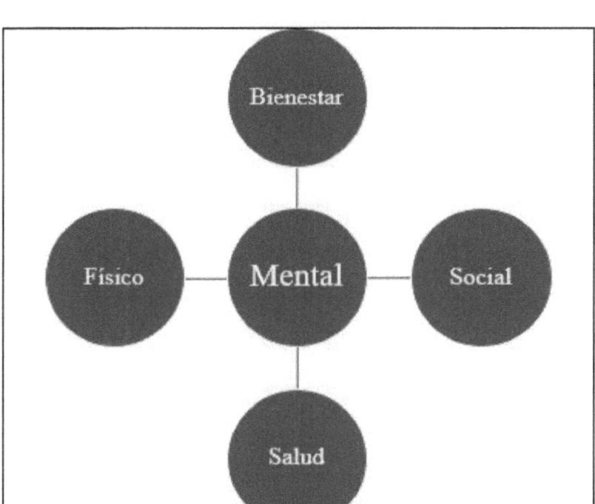

Fuente: Gustavo Alcántara Moreno. "La definición de salud de la Organización Mundial de la Salud y la interdisciplinariedad", cit.

La materialización de un riesgo puede ocasionar daños a la salud, cuyas manifestaciones más apreciables son mediante accidentes o enfermedades. Además, las características fundamentales de estas manifestaciones del daño son:

— *En el accidente*, el daño para la salud se presenta de forma brusca e inesperada. Es indicador inmediato y más evidente de malas condiciones de trabajo.

— *En la enfermedad*, el daño lo constituye un deterioro paulatino y lento de la salud del trabajador producido por una exposición crónica a condiciones adversas durante la realización del trabajo.

B. Pirámide de la accidentalidad

La pirámide de la accidentalidad ha sido un estudio hecho por George Germain y Frank Bird, los cuales señalan que, por cada 600 incidentes, ocurren 30 accidentes leves, 10 accidentes serios y uno grave[21].

En esta pirámide se utilizan ciertos términos referidos a los incidentes, cuyas definiciones se dan a conocer:

[21] Raffo Lecca. *Introducción a la seguridad y salud en el trabajo*, cit.

— *Incidente*. Se refiere a un evento no intencionado vinculado al trabajo, que puede suponer o no un problema de salud. Este término, *lato sensu*, incluye las variedades de accidentes industriales[22].

— *Causas de los incidentes*. Se trata de uno o varios eventos relacionados que ocurren para generar un accidente. Se dividen en:

- *Falta de control*. Hace referencia a las fallas, ausencias o debilidades el sistema de gestión de seguridad y salud en el trabajo.
- *Causas básicas*. Referidas a factores personales y factores de trabajo.
- *Causas inmediatas*. Alude a los actos o condiciones subestándar.

---

[22] Ministerio de Energía y Minas. *Decreto Supremo que aprueba el Reglamento de Seguridad y Salud Ocupacional y otras medidas complementarias en minería*. Decreto Supremo N.° 055-2010-EM de 01-01-2011, Lima, Perú, MINEM, 2011, disponible en [https://www.minem.gob.pe/minem/archivos/file/Mineria/LEGISLACION/2010/AGOSTO/DS%20055-2010--EM.pdf].

Figura 2. La pirámide de la accidentalidad

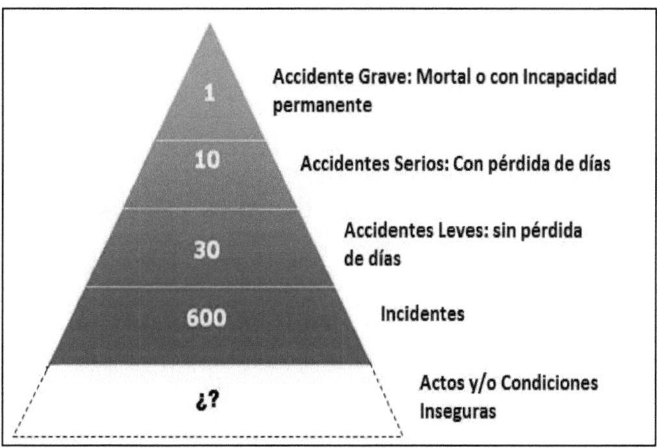

Fuente: Silvia Estefanía Lazo González. "Implementación de sistema de gestión de seguridad y salud en el trabajo para la realización de lasaña tradicional en la empresa Pizzerias Presto en base a Ley N.° 28783 Ley de Seguridad y Salud en el Trabajo" (tesis de licenciatura). Arequipa, Perú, Universidad Católica de Santa María, 2016, disponible en [https://repositorio.ucsm.edu.pe/handle/20.500.12920/5518].

CAPÍTULO SEGUNDO:

MARCO LEGAL SOBRE GESTIÓN DE RIESGOS LABORALES

I. Decretos supremos ligados al control de riesgos laborales

De acuerdo con el MTPE[23], se aplica a la totalidad de empleados de los diversos sectores económicos sujetos al régimen laboral privado (servicios, industria, educación, pesca confecciones, etc.), no solo a aquellos que cuenten con normas especiales sobre el tema, como los de electricidad o minería.

Mientras que en el decreto supremo del MVCS[24], se señala el "Plan Nacional de Saneamiento 2017- 2021". En el Perú, los servicios ofrecidos para mejorar las condiciones salubres de los ciudadanos son inapropiados por no disponer de calidad y continuidad, lo cual indica una falta infraestructural para brindar este tipo de servicios en el país. De acuerdo con las proyecciones del Instituto Nacional de Estadística e Informática (INEI), en el año 2016 el Perú tuvo una población estimada de 32,4 millones de habitantes, de los cuales el 72,2% corresponde al ámbito urbano; mientras que el 22,8% al ámbito rural. Las estimaciones de coberturas registradas señalan que en el ámbito urbano el 94,5% del total de habitantes cuenta con los servicios de agua potable y el 88,3% con servicios de alcantarillado. De otro lado, en el ámbito rural, se estima una cobertura de 71,2% en agua potable y 24,6% en alcantarillado[25].

---

[23] Ministerio de Trabajo y Promoción del Empleo. *Aprueban reglamento de seguridad y salud en el trabajo*. Decreto Supremo N.° 009-2005-TR de 29-09-2005, Lima, Perú, MTPE, 2005, disponible en [https://oiss.org/wp-content/uploads/2018/11/12-03_Reglamento_de_Seguridad_y_salud_en_el_trabajo_2005-09-29_009-2005-TR_487.pdf].

[24] Ministerio de Vivienda, Construcción y Saneamiento. *Decreto Supremo que modifica el Reglamento de Organización y Funciones del Ministerio de Vivienda, Construcción y Saneamiento*. Decreto Supremo N.° 010-2014-VIVIENDA de 03-03-2015, Lima, Perú, MVCS, 2015, disponible en [https://cdn.www.gob.pe/uploads/document/file/360774/DS-006-2015-VIVIENDA.pdf].

[25] Instituto Nacional de Estadística e Informática. *Estado de la población peruana 2020*. Lima, Perú, INEI, 2020, disponible en [https://www.inei.gob.pe/media/MenuRecursivo/publicaciones_digitales/Est/Lib1743/Libro.pdf].

II. Leyes de seguridad y salud en el trabajo

De acuerdo con la Ley N.° 29783, la cual contiene una nueva base jurídica para prevenir riesgos en el trabajo, estipula en su disposición adicional que es importante la adaptación de las normas de los ministerios para aumentar la cultura de riesgos en una nación[26].

Y la Ley N.° 30222[27], la cual se publicó tres años después con ciertas modificaciones de la ley antes mencionada, dispone de ciertas normas generales y específicas para:

— Garantizar la integridad psicofísica de las personas que participan en el desarrollo de las actividades, mediante la identificación, a partir del reconocimiento, disminución y control de riesgos para reducir los casos de incidencias.

— Ejecutar las funciones laborales en ambientes saludables y seguros.

— Desarrollar instrucciones para ejecución de planes en gestión, así como aminorara los casos de riesgos.

— Promover la cultura de prevención de riesgos en el trabajo, en relación con el desempeño de sus respectivas funciones.

— Considerar la inclusión de todos los trabajadores en el sistema de seguridad y salud laboral.

Contenido estructural de la ley de seguridad y salud laboral

De acuerdo con el MTPE[28] la única disposición legal o TUO que permite regular y prevenir riesgos en empresas es la Ley N.° 29783.

---

[26] Congreso de la República. *Ley de Seguridad y Salud en el Trabajo*. Ley N.° 29783 de 20-08-2011. Lima, Perú, Congreso de la República, 2011, disponible en [https://web.ins.gob.pe/sites/default/files/Archivos/Ley%2029783%20SEGURIDAD%20SALUD%20EN%20EL%20TRABAJO.pdf].

[27] Congreso de la República. *Ley que modifica la ley 29783, Ley de Seguridad y Salud en el Trabajo*. Ley N.° 30222 de 11-07-2014. Lima, Perú, Congreso de la República, 2014, disponible en [https://leyes.congreso.gob.pe/Documentos/Leyes/30222.pdf].

[28] Ministerio de Trabajo y Promoción del Empleo. *Ley de Seguridad y Salud en el Trabajo, su reglamento y modificatorias*. Lima, Perú, MTPE, 2017, disponible en [https://cdn.www.gob.pe/uploads/document/file/349382/LEY_DE_SEGURIDAD_Y_SALUD_EN_EL_TRABAJO.pdf]

Así mismo, se estableció un sistema que permite la protección de la salud de un empleado, este consta de consejos nacionales y regionales[29]. En cuanto al Consejo Nacional, está conformado por 12 representantes, ya sean del Estado (4), de la propia empresa (4) y del sindicato (4).

Entre las funciones que ejerce un empleador, se encuentra el registro del SGSST, el cual se puede conservar por 20 años si se contabilizan casos de enfermedades profesionales. Si la empresa cuenta con 20 empleados o más, se requiere de un comité de seguridad y procedimientos de seguridad y salud ocupacional; de lo contrario se asignará un supervisor. De igual manera, se debe asistir a un mínimo de cuatro sesiones formativas al año respecto a seguridad y salud en el trabajo, diseñar mapas de riesgos de la empresa entre otros.

El incumplimiento del empleador en el deber de prevención genera la obligación de pagar indemnizaciones a las víctimas o a sus derechohabientes.

Por otro lado, entre los derechos y obligaciones del personal destacan:

— Transmiten las acciones y las exigencias de los empleados.

— Están protegidos contra actos de hostilidad del empleador.

— Participan en los programas de capacitación.

— Tienen derecho a un puesto de trabajo adecuado.

— La protección alcanza a los trabajadores de contratistas y subcontratistas.

— Se establecen obligaciones que deben de cumplir los empleados (por ejemplo, cumplir las normas, reglamentos, usar instrumentos y materiales de trabajo asignados, no manipular equipos y herramienta sin autorización, cooperar en los procesos de investigación, someterse a exámenes, comunicar al empleador todo evento de riesgo, reportar accidentes, etc.).

También se incorpora un nuevo artículo (artículo 168) respecto a las condiciones salubres y seguras en el trabajo.

---

[29] Congreso de la República. *Ley de Seguridad y Salud en el Trabajo*, cit.

Además, esta ley se reglamenta según el decreto supremo 005-2012-TR[30], conformado por 123 artículos, los cuales se encuentran organizados en siete títulos, una disposición final y transitoria.

Tabla 1. Estructura del Decreto Supremo 005-2012-TR

Título	Capítulo	Artículos
I.- Disposiciones generales	Generales	1 al 4
II.- Política nacional de SST		5 al 6
III.- Sistema nacional de SST	I II	7 al 21 22
IV.- Sistema de Gestión SST	I II III IV V VI VII VIII IX	23 al 24 25 26 al 37 38 al 73 74 al 75 76 al 78 79 al 84 85 al 88 89 al 90
V.-Derechos y obligaciones	I II	92 al 104 105 al 109
VI.- Notificación de los accidentes	 I II	110 al 116 117 al 118 119 al 122
VII.- De la supervisión y fiscalización		123
Disposición complementaria final		Única
Disposiciones complementarias transitorias		14

[30] Presidencia de la República del Perú. *Aprueban la ley de Seguridad y Salud en el Trabajo*. Decreto Supremo N.° 005-2012-TR de 01-11-2016. Lima, Perú, Presidencia de la República del Perú, 2016, disponible en [https://www.gob.pe/institucion/presidencia/normas-legales/462577-005-2012-tr].

Fuente: Presidencia de la República del Perú. *Aprueban la ley de Seguridad y Salud en el Trabajo*, cit.

En el Decreto Supremo 005-2012-TR se indica con claridad que es necesario incluir los protocolos de salud y seguridad de la empresa en el contrato laboral.

Estos deben tener en cuenta los riesgos laborales, en específico aquellos vinculados a las funciones realizadas en la empresa; no se pretende solo brindar folletos informativos, se requiere un compromiso empresarial para que el personal identifique y comprenda los riesgos con facilidad.

La licencia con goce de haber será otorgada por el tiempo empleado para movilizarse hacia el lugar de la capacitación, el tiempo que permanezca en la misma y el tiempo que demanda el retorno al centro de trabajo.

III. Norma OHSAS 18001

Esta norma se utiliza a nivel global para el sistema de gestión de riesgo laboral (SGSST), en lugar de otros modelos ya desaparecidos, como la Guía BS 8800. Así mismo, dispone de la ISO 9001 e ISO 14001, prestigiosas entidades de normalización y de certificación, además del enfoque de la OIT que, si bien no se define como "no certificable", tampoco promociona la certificación[31].

A. Estructura de la norma OHSAS 18001

La norma OHSAS 18001, por sus siglas en inglés "Occupational Health and Safety Assessment Series", se refiere a un estándar evaluativo reconocido por todo el mundo para SGSST, desarrollada por un grupo de importantes organizaciones comerciales y de certificación para cubrir el nicho en lo que a estándares internacionales se refiere[32].

Esta norma considera las siguientes áreas básicas:

— Identificación de amenazas, evaluación de riesgos y establecimiento de controles

— Requisitos legales y de otro tipo

— Objetivos y programas

[31] Asociación Española de Normalización y Certificación (Ed.). *OHSAS 18001:2007. Sistemas de gestión de la seguridad y salud en el trabajo – Requisitos*, cit.
[32] Ídem.

— Recursos, cargos, responsabilidad, deber y autoridad

— Competencia, formación y concienciación

— Comunicación, participación y consultoría

— Control operacional.

— Preparación y respuesta ante emergencias.

— Medición de la actuación, seguimiento y mejora

Así mismo, el modelo de SGSST que propone esta norma se estructura en cinco módulos:

— Política SST

— Planificación

— Implementación y operación

— Verificación

— Revisión por la dirección

Figura 3. Modelo estándar OHSAS 18001

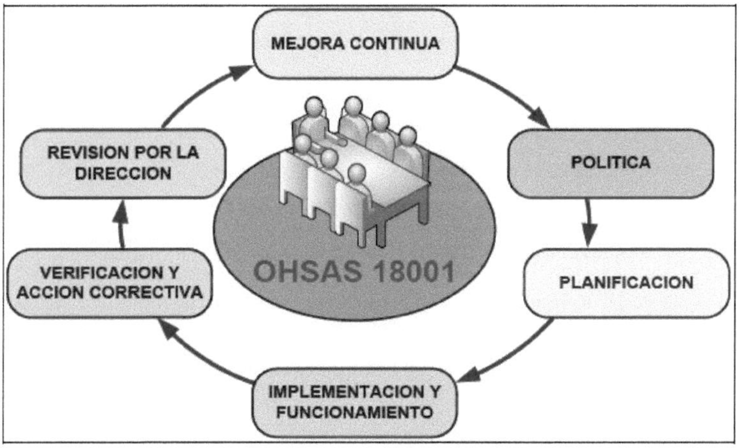

Fuente: Asociación Española de Normalización y Certificación (Ed.). *OHSAS 18001:2007. Sistemas de gestión de la seguridad y salud en el trabajo – Requisitos*, cit.

También se cuentas con otras ventajas para una adecuada gestión empresarial en el marco de la salud y la seguridad de esta normativa.

— Posibilita la integración de salud y seguridad por niveles.

— Fomenta actitudes positivas de trabajadores, motiva la participación continua y promueve una cultura de prevención en un entorno estructurado.

— Facilita herramientas para disminuir los incidentes laborales.

— Permite cumplir y demostrar que se cumple con legalidad.

— Hace que la imagen de la empresa resalte y se presente ante la sociedad.

Esta norma es más compatible con las ISO 14001 e ISO 9001, abarca conceptos modernos y probados respecto a la gestión de seguridad y salud laboral, así como otras acepciones[33].

Figura 4. Compatibilidad entre normativas

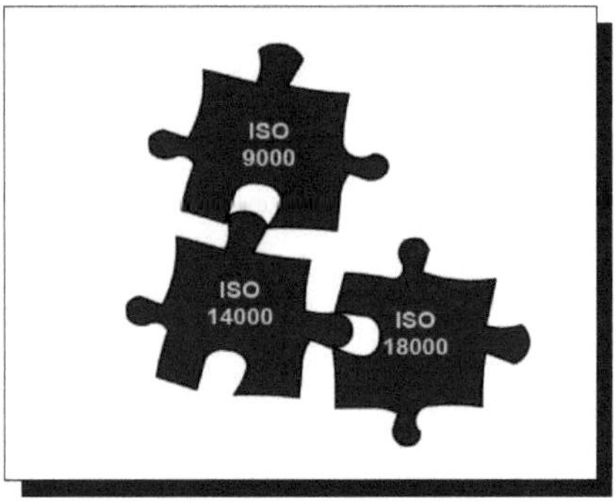

Fuente: Carlos Fernando Atahualpa Carrera Endara, Cristian Heriberto Ligña Cumbal, Galo Renan Moreno Cueva y Ruben Morales Carrera. *Sistemas de gestión de calidad*. Estados Unidos, Compás, 2018, disponible en [http://142.93.18.15:8080/jspui/bitstream/123456789/466/3/SISTEMAS%20DE%20GESTI%C3%93N%20DE%20LA%20CALIDAD.pdf].

Cabe destacar, la norma OHSAS 18001 se basa en la metodología denominada PHVA, también conocida como ciclo de Edward Deming[34].

Figura 5. Ciclo de Deming

[33] Cristina Abril Sánchez, Antonio Enríquez Palomino y José Manuel Sánchez Rivero. *Guía para la integración de sistemas de gestión: calidad, medio ambiente y salud en el trabajo*, 2.ª ed., Madrid, España, Fundación Confemetal, 2012.

[34] Carrera Endara, Ligña Cumbal, Moreno Cueva y Morales Carrera. *Sistemas de gestión de calidad*, cit.

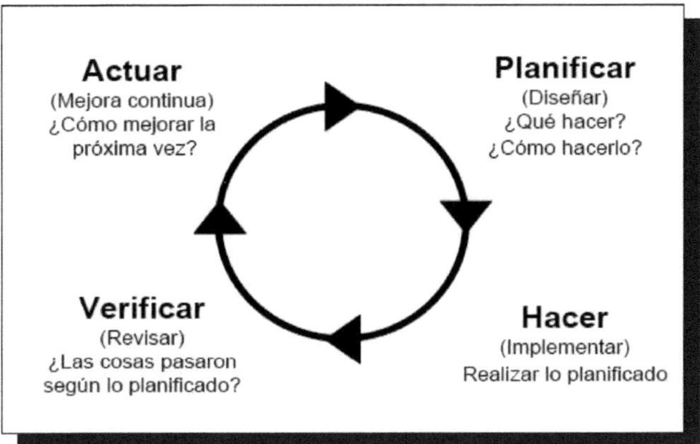

Fuente: Carrera Endara, Ligña Cumbal, Moreno Cueva y Morales Carrera. *Sistemas de gestión de calidad*, cit.

La estructura del modelo comprende entre otros, requisitos generales, objetivos y programas, IPERC, comunicación, documentación, control operacional, evaluación de cumplimiento legal, investigación de accidentes, no conformidades, control de registros, auditoría interna y revisión por la dirección[35].

[35] Bernal Mateus, María del Carmen. *La norma OHSAS 18001 y su implementación*, 2.ª ed., Bogotá, Colombia, ICONTEC, 2009.

Tabla 2. Estructura de la norma OHSAS 18001

Estructura de la Norma OHSAS 18001
1. OBJETO Y CAMPO DE APLICACIÓN
2. PUBLICACIÓN PARA CONSULTA
3. TÉRMINOS Y DEFINICIONES
4. REQUISITOS DEL SISTEMA DE GESTIÓN SST:
4.1 Requisitos generales
4.2 Política de SST
4.3 Planificación
4.3.1 Identificación de peligros, evaluación de riesgos y controles
4.3.2 Requisitos legales y otros requisitos
4.3.3 Objetivos y programas
4.4 Implementación y operación
4.4.1 Recursos, funciones, responsabilidades y autoridad
4.4.2 Competencia, formación y toma de conciencia
4.4.3 Comunicación, participación y consulta
4.4.4 Documentación
4.4.5 Control de documentos
4.4.6 Control de operación
4.4.7 Preparación y respuestas ante emergencias
4.5 Verificación
4.5.1 Seguimiento y medición del desempeño
4.5.2 Evaluación del cumplimiento legal
4.5.3 Investigación de incidentes, no conformidad, AC/AP
4.5.4 Control de los registros
4.5.5 Auditoría interna
4.6 Revisión por la dirección.

Fuente: Asociación Española de Normalización y Certificación (Ed.). *OHSAS 18001:2007. Sistemas de gestión de la seguridad y salud en el trabajo – Requisitos*, cit.

El ciclo de la norma OHSAS 18001 está influenciado por las necesidades empresariales para aumentar la competitividad, considerando las pérdidas surgidas por daños sufridos a sus trabajadores.

Figura 6. El ciclo del sistema OHSAS 18001

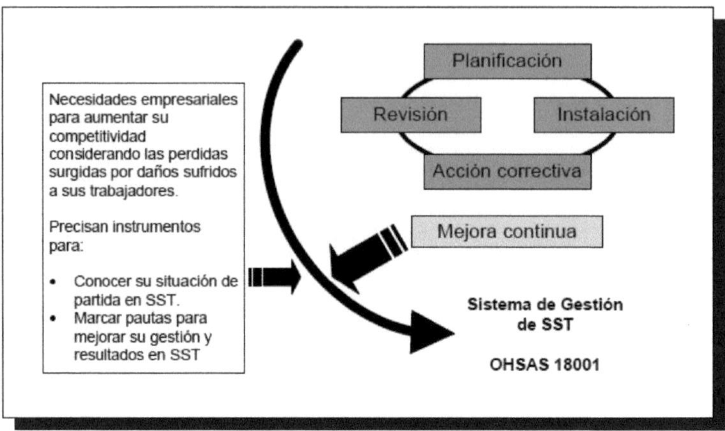

Fuente: Asociación Española de Normalización y Certificación (Ed.). *OHSAS 18001:2007. Sistemas de gestión de la seguridad y salud en el trabajo – Requisitos*, cit.

En la siguiente figura se visualiza los elementos que intervienen en el SGSST:

Figura 7. Elementos intervinientes en el SGSST y sus funciones

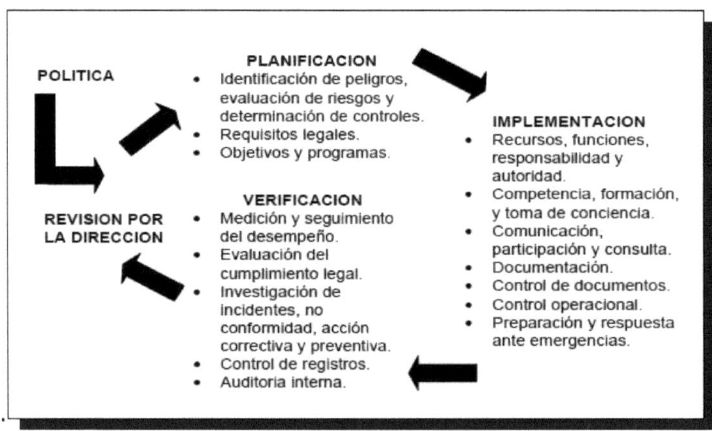

Fuente: Asociación Española de Normalización y Certificación (Ed.). *OHSAS 18001:2007. Sistemas de gestión de la seguridad y salud en el trabajo – Requisitos*, cit.

B. Documentación

Esta norma estipula los requerimientos para un SGSST, lo cual posibilita que una empresa maneja los riesgos laborales y mejore su desempeño en SST, mas no especifica criterios de desempeño en SST ni da especificaciones detalladas para el diseño de un SGSST. El diseño debe ser elaborado por la organización, en este caso por la empresa, de acuerdo con el tamaño, riesgos, tipo, actividades y recursos. Esta elaboración se realiza mediante la identificación de procedimientos específicos y requiere de los siguientes documentos:

- Manual de seguridad y salud en el trabajo (SST); conjunto de definiciones que establecen las actuaciones y procedimientos de la planeación, operación, verificación y revisión de la norma.
- Procedimientos administrativos de gestión; conjunto ordenado de instrucciones o reglas que definen y establecen los estándares operativos exigidos por la norma y aplicados a la empresa.
- Procedimientos para actividades críticas; Instrucciones o reglas específicas que se definen para el control de los riesgos en actividades definidas como críticas.
- Procedimientos de control de registros; Conjunto ordenado de instrucciones que establecen la acreditación de los registros exigibles por la norma para la continua verificación de su cumplimiento.

Figura 8. Documentación en el sistema OHSAS 18001

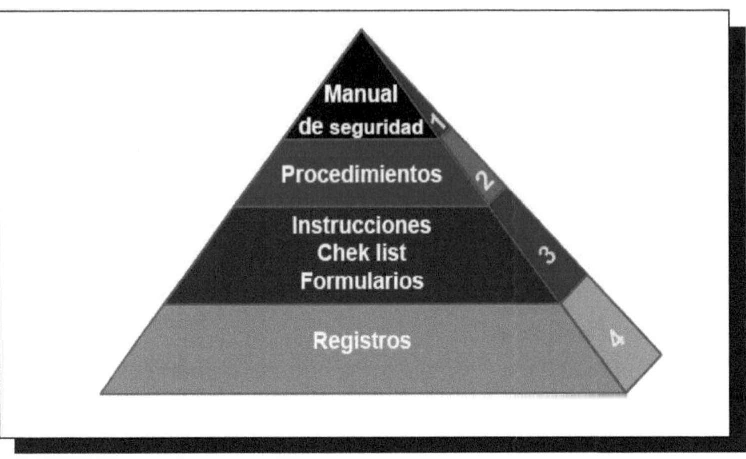

Fuente: Asociación Española de Normalización y Certificación (Ed.). *OHSAS 18001:2007. Sistemas de gestión de la seguridad y salud en el trabajo – Requisitos*, cit.

C. Beneficios de su implementación

Uno de los beneficios de esta norma es que disminuirá el número de personal accidentado (propio y tercero) mediante la prevención y el manejo de riesgos en la empresa; así como los recursos desaprovechados debido a los accidentes. De igual modo, los clientes se mostrarán satisfechos con el servicio o producto ofrecido. El grupo de interés de la empresa podrá observar que hay un compromiso con la salud y seguridad del personal.

Además, se debe asegurar que la legislación respectiva sea cumplida; la inexistencia de detenciones no deseadas, con la consecuente reducción de costos. En definitiva, se mejorará la productividad y por tanto su competitividad.

CAPÍTULO TERCERO:

ESTUDIO PRELIMINARES

En este capítulo se presentarán diversos estudios realizados sobre la aplicación de normas para controlar los riesgos en las distintas organizaciones, también se consideran los requisitos y normativas propias de las empresas para prevenir riesgos. Por último, se detalla la situación de las empresas peruanas en cuanto a este tópico.

Tal como la expresa Pérez[36]en su investigación, todas las empresas deben contar con un sistema que les permite brindar seguridad y salud a su personal, lo cual será necesario para establecer los lineamientos de una gestión organizacional adecuada. Por lo tanto, al ejecutar dicho sistema en las empresas contratistas del sector económico minero metalúrgico se disminuirá la tendencia de accidentes fatales.

Por su parte, González[37] elaboró un sistema basado en la norma OHSAS 18001, para reducir los riesgos a los que estaban expuestos los trabajadores de una fábrica de cosméticos. Esto se realizó para coadyuvar con el bienestar de los empleados y así, incrementar su productividad en la fábrica.

En cuanto al estudio de Valladarez[38], estableció una estructura referida al reconocimiento y control de riesgos para reducir la posibilidad de accidentes, esto también contribuyó a la mejora del rendimiento general de los trabajadores, bajo la nueva versión de la norma OHSAS 18001 en la corporación eléctrica de Ecuador.

---

[36] José Luis Pérez. "Sistema de gestión en seguridad y salud ocupacional aplicado a empresas contratistas en el sector económico minero metalúrgico" (tesis de maestría). Lima, Perú, Universidad Nacional de Ingeniería, 2007, disponible en [http://hdl.handle.net/20.500.14076/633].

[37] Nury Amparo González González. "Diseño del sistema de gestión en seguridad y salud ocupacional, bajo los requisitos de la norma NTC-OHSAS 18001 en el proceso de fabricación de cosméticos para la empresa Wilcos S.A." (tesis de licenciatura). Bogotá, Colombia, Pontificia Universidad Javeriana, 2009, disponible en [http://hdl.handle.net/10554/7232].

[38] Jaime Mauricio Valladarez Tola. "Implementación del sistema de gestión en seguridad y salud ocupacional bajo una nueva versión de la norma OHSAS 18001:2007 en la Corporación Eléctrica de Ecuador Celec-Hidropaute" (tesis de maestría). Ecuador, Universidad de Cuenca, 2010, disponible en [http://dspace.ucuenca.edu.ec/handle/123456789/2631].

Por su parte, Terán[39] propuso conseguir una actuación más eficaz en el campo de la prevención, a través de un proceso de mejora continua. Así pues, las empresas también pueden disponer de una herramienta esencial para llevar a cabo lo estipulado por la norma OHSAS 18001.

Respecto a la investigación de Matabanchoy[40], se ejecutó a partir de la elección y distribución adecuada de varios documentos digitales. El reto ha sido fomentar una organización saludable que asegure el bienestar y el entorno laboral adecuado, en el cual es indispensable contar con el respaldo del área de alta gerencia.

Mientras que en el estudio de Bustamante[41], se infiere que hubo una responsabilidad efectiva de la presidencia de la constructora eléctrica IELCO al monitorear de manera periódica que se cumplan las normativas de seguridad dentro de las áreas administrativas y de ejecución de proyectos. También se debe considerar que esta empresa fue capaz de diseñar propuestas basadas en la mejora continua, para salvaguardar la salud del trabajador. Esta ha sido la manera de iniciar el proceso de reestructuración de una empresa para implementar el estándar normativo (OHSAS 18001).

En relación con la investigación de Romero[42], se realizó el análisis de la problemática encontrada en la empresa Mirrorteck Industries S.A., al no contar con un modelo de sistema de gestión en seguridad y salud ocupacional, conforme lo dispone la legislación ecuatoriana. La metodología utilizada es reflexiva y descriptiva, además, analiza los problemas, evalúa los costos y propone soluciones y capacitación al personal de planta.

---

39 Itala Sabrina Terán Pareja. "Propuesta de implementación de un sistema de gestión de seguridad y salud ocupacional bajo la norma OHSAS 18001 en una Empresa de Capacitación Técnica para la Industria" (tesis de licenciatura). Lima, Pontificia Universidad Católica del Perú, 2012, disponible en [http://hdl.handle.net/20.500.12404/1620].

40 Sonia Maritza Matabanchoy Tulcán. "Salud en el trabajo". *Universidad y Salud*, vol. 14, n.° 1, 2012, pp. 87 a 102, disponible en [https://revistas.udenar.edu.co/index.php/usalud/article/view/1270].

41 Fernando Bustamante Granda. "Sistema de gestión en seguridad basado en la norma OHSAS 18001 para la empresa constructora eléctrica IELCO" (tesis de maestría). Ecuador, Universidad Politécnica Salesiana, 2013, disponible en [https://dspace.ups.edu.ec/handle/123456789/5375].

42 Ángela Liliana Romero Albán. "Diagnóstico de normas de seguridad y salud en el trabajo e implementación del reglamento de seguridad y salud en el trabajo en la Empresa Mirrorteck Industries S.A." (tesis de maestría). Ecuador, Universidad de Guayaquil, 2014, disponible en [http://repositorio.ug.edu.ec/handle/redug/4494].

En relación con la investigación de Vásquez[43], la cual contribuye con la mejora continua de la organización a través de la integración de prevención en todos los niveles jerárquicos de la empresa y la utilización de herramienta de mejora, indica que se identificaron 23 peligros potenciales y que estuvieron expuestos el total de 132 trabajadores. Los riesgos se consideraron como moderados y se presentaron, en su mayoría, en las actividades de perforación, equipamiento mecánico y de transporte, mientras que hubo un menor número en las actividades de monitoreo y oficina.

De otro lado, Achinte y Henao[44] efectuaron el diagnóstico del estado actual de una empresa de mantenimiento, luego se implementó un plan de recolección y registro de información requerida para la planificación, y por último se desarrolló una propuesta de cómo estructurar el sistema de salud y seguridad laboral. La organización tenía datos referidos a lo mencionado con anterioridad, sin embargo, se encontraba de manera desorganizada e impedía ejecutar los lineamientos normativos. Se concluye que se alcanzó una ejecución del 80% del sistema planificado.

Respecto del estudio de Barrera-García *et al.*[45], se propone la aplicación de modelos matemáticos para prevenir lesiones ocupacionales. Para esto se debe tener en cuenta el tipo de tarea y sus características, el sistema de trabajo, el diseño técnico, el entorno seguro dentro de la empresa y la cultura de riesgos, además de las características del empleado. Todos estos elementos pueden incidir en la seguridad ocupacional, en el ambiente laboral, en los comportamientos seguros y, por consiguiente, en la disminución de lesiones.

De acuerdo con Gadea[46], la inapropiada manipulación de la carga, la entrada continua de camiones y almacenamiento de productos nocivos , la falta de iluminación

---

[43] Marco Antonio Vásquez Ojeda. "Implantación de un sistema de gestión de seguridad y salud ocupacional en el proyecto especial Olmos – Tinajones – Lambayeque" (tesis de maestría). Trujillo, Perú, Universidad de Trujillo, 2016, disponible [http://dspace.unitru.edu.pe/items/62188267-261a-49a1-bf9d-9ad96b750193].

[44] Adriana Stella Achinte Hurtado y Sidney Oriana Henao Clavijo. "Planificación del sistema de gestión de seguridad y salud en el trabajo para una empresa de mantenimiento locativo basado en el Decreto 1072 de 2015, período 2015-2016" (tesis de especialidad). Cali, Colombia, Universidad Libre, 2016, disponible en [https://repository.unilibre.edu.co/handle/10901/9893?show=full].

[45] Aníbal Barrera-García, Alejandro González-Delgado y Damayse Pérez-Fernández. "Identificación de factores incidentes en la accidentalidad laboral en empresas de Cienfuegos". *Ingeniería Industrial*, vol. 37, n.° 2, 2016, pp. 127 a 137, disponible en [https://www.redalyc.org/articulo.oa?id=360446197003].

[46] Adrián Wilfredo Gadea García. "Propuesta para la implementación del sistema de gestión de seguridad y salud en el trabajo en la empresa SUMIT S.A.C." (tesis de licenciatura). Lima, Perú, Universidad de Lima, 2016, disponible en

adecuados son algunos factores que pueden incidir en el aumento de riesgos dentro de una empresa; sin embargo, los más críticos son aquellos realizados directamente con la producción, que en este caso se refiere a las operaciones con el corte de tela y costura. Por tanto, es necesario aplicar un SGSST para incrementar los beneficios administrativos, éticos e industriales en la empresa.

Purga y Torres[47] señalan que su plan para ejecutar un sistema que asegure la salud y protección de un empleado en el entorno laboral permite disminuir los costes por infracciones reglamentarias respectivas. Sin embargo, la disminución por accidentes en el trabajo no es viable puesto que la obligación de los empleados de cumplir con los sistemas de seguridad supera los parámetros de gestión.

En cuanto al estudio de Tirado y Vega[48], se diseñó un plan de riesgos laborales para una empresa que ofrece servicios de agua potable, el cual contiene la reglamentación de la empresa, una matriz IPERC, programas anuales relacionados con el bienestar del personal y los procedimientos escritos de trabajo seguro. Finalmente, se ha logrado hacer una evaluación económica del plan propuesto y se ha obtenido como indicadores económicos un VAN = S/. 140,384.41 y un TIR = 72%; lo cual equivale a que la implementación de la propuesta ha sido altamente rentable.

De otro lado, Niciejewska y Kiriliuk[49] consideran que la principal preocupación que debe tener una empresa es la capacidad para clasificar y asignar de manera apropiada los riesgos potenciales del personal en su empresa, evaluarlos y tomar las medidas correctivas o preventivas que sean necesarias.

[https://repositorio.ulima.edu.pe/bitstream/handle/20.500.12724/3497/Gadea_Garcia_Adrian.pdf?sequence=1&isAllowed=y].

47 Wendy Arelí Purga Ruiz y Anthony Percy Torres Vargas. "Propuesta de implementación de un sistema de seguridad y salud ocupacional basado en la norma OHSAS 18001:2007 para evitar costos por incidentes en el consorcio Alvac Johesa" (tesis de licenciatura). Lima, Perú, Universidad Privada del Norte, 2017, disponible en [https://repositorio.upn.edu.pe/handle/11537/12390].

48 Jefferson Andrée Tirado Medina y Víctor Luis Vega Ybáñez. "Propuesta para la implementación de un plan de seguridad y salud ocupacional para controlar los riesgos y reducir los accidentes en la división de mantenimiento de la empresa de servicio de agua potable y alcantarillado de la Libertad - Sedalib S.A." (tesis de licenciatura). Trujillo, Perú, Universidad Nacional de Trujillo, 2017, disponible en [http://dspace.unitru.edu.pe/handle/UNITRU/8880].

49 Marta Niciejewska y Olga Kiriliuk. "Occupational health and safety management in 'small size' enterprises, with particular emphasis on hazards identification". *Production Engineering Archives*, vol. 26, n.° 4, 2020, pp. 195 a 201, disponible en [https://sciendo.com/article/10.30657/pea.2020.26.34].

En cuanto a la investigación de Contri y Desiderio[50], en la cual se aplicó un SGSST basado en la normativa ISO 45001, se afirma que esta es una oportunidad para las grandes empresas de trabajar diversos aspectos de la SST por medio de un enfoque de gestión de alta competitividad, dado que posibilita la consolidación de una cultura organizacional, la participación de los empleados y el compromiso de alta gerencia, mejorar la formación del personal y gestionar la prevención de riesgos mediante planes de acción.

Por su parte, Cuba y Mercado[51] consideran que el personal debe estar capacitado no solo en función de riesgos laborales, sino también en la aplicación de herramientas de trabajo para ejecutar actividades de manera efectiva y actuar con rapidez en caso de emergencias.

Situación de la seguridad y salud laboral peruana

Mejía *et al.*[52] efectuaron una investigación sobre la tendencia de los accidentes y enfermedades laborales notificadas al Ministerio de Trabajo y Promoción de Empleo del Perú (MTPE). Se efectuó un estudio descriptivo con los reportes extraídos de los boletines mensuales desde septiembre 2010 a diciembre de 2014, se notificaron a nivel nacional (54 596) accidentes laborales no mortales, de los cuales el 90,2% (48 365) fueron varones. Lima Metropolitana fue la ciudad en donde se reportó la mayor cantidad de accidentes laborales no mortales (76,9%), seguida de la provincia constitucional del Callao (15,0%) y el departamento de Arequipa (3,8%). En el mismo periodo se reportaron 674 accidentes mortales, 3432 incidentes y 346 enfermedades laborales.

Tabla 3. Enfermedades, accidentes e incidentes laborales reportados al MTPE del 2010 al 2014

---

[50] Leandro Contri Campanelli y Lucas Desiderio Ribeiro. "Involvement of Brazilian companies with occupational health and safety aspects and the new ISO 45001:2018". *Production*, vol. 31, 2021, pp. 1 a 13, disponible en [https://doi.org/10.1590/0103-6513.20210005].

[51] Ramiro Cuba Miranda y César Mercado Rivero. "Implementación de un plan de seguridad y salud ocupacional en las labores de mantenimiento, planchado y pintura en la empresa Fátima Car Service Srl – Cusco – 2021" (tesis de licenciatura). Cusco, Perú, Universidad Continental, 2022, disponible en [https://hdl.handle.net/20.500.12394/11814].

[52] Christian Mejía, Matlin Cárdenas y Raúl Gomero-Cuadra. "Notificación de accidentes y enfermedades laborales al Ministerio de Trabajo. Perú 2010-2014". *Revista Peruana de Medicina Experimental y Salud Pública*, vol. 32, n.° 3, 2015, pp. 526 a 531, disponible en [https://doi.org/10.17843/rpmesp.2015.323.1689].

Notificaciones	2010	2011	2012	2013	2014	Total
Accidentes laborales no mortales	198	4 728	15 508	19 412	11 271	54 596
Lima metropolitana	140	4117	11 630	14 804	14 570	41 962
Callao	0	301	3430	3481	991	8203
Arequipa	0	29	183	222	1647	2 081
Piura	14	100	410	531	413	1468
La Libertad	0	20	79	101	87	287
Accidentes laborales mortales	24	145	199	178	128	674
Incidentes laborales	130	623	826	983	826	2432
Enfermedades laborales	8	110	107	32	39	346

Fuente: Mejía, Cárdenas y Gomero-Cuadra. "Notificación de accidentes y enfermedades laborales al Ministerio de Trabajo. Perú 2010-2014", cit.

Tabla 4. Tipos de enfermedades laborales reportados al MTPE del 2010 al 2014

Enfermedades laborales	2010	2011	2012	2013	2014	Total
Hipoacusia	0	28	21	24	4	77
Dermatitis alérgica	0	3	30	7	4	44

Silicosis	0	9	6	18	4	37
Por posturas	0	38	4	15	0	57
Leishmaniosis	0	7	5	2	3	17
A causa de tóxicos/químicos	0	9	5	0	2	16
Dorsalgia	0	0	3	0	0	3
Varices en miembros inferiores	0	0	0	1	0	1
Ciática	0	0	1	0	0	1
A causa de radiaciones	0	1	1	0	0	2
Hepatitis	0	0	1	0	0	1

Fuente: Mejía, Cárdenas y Gomero-Cuadra. "Notificación de accidentes y enfermedades laborales al Ministerio de Trabajo. Perú 2010-2014", cit.

Figura 9. Accidentes laborales no letales reportados desde el año 2010 al 2014

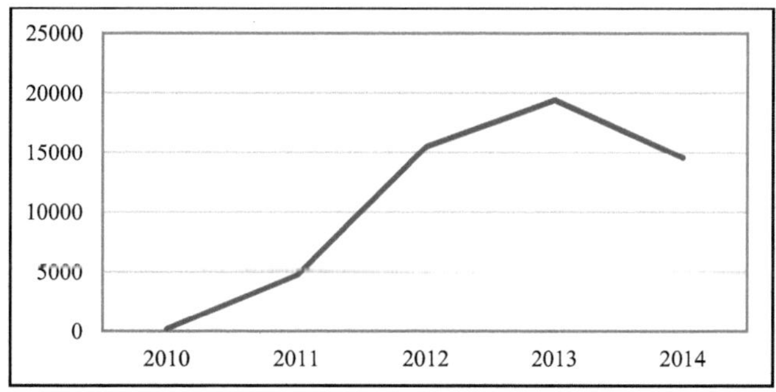

Fuente: Mejía, Cárdenas y Gomero-Cuadra. "Notificación de accidentes y enfermedades laborales al Ministerio de Trabajo. Perú 2010-2014", cit.

En la figura 9 se muestra la variación sobre accidentes letales evidenciados desde el año 2010 al 2014. Se observa que en al año 2013 se han presentado 19 412 accidentes no letales a nivel nacional, lo cual ha disminuido en el año 2014 a 14 804 accidentes no leales.

Figura 10. Accidentes laborales letales reportados desde el año 2010 al 2014

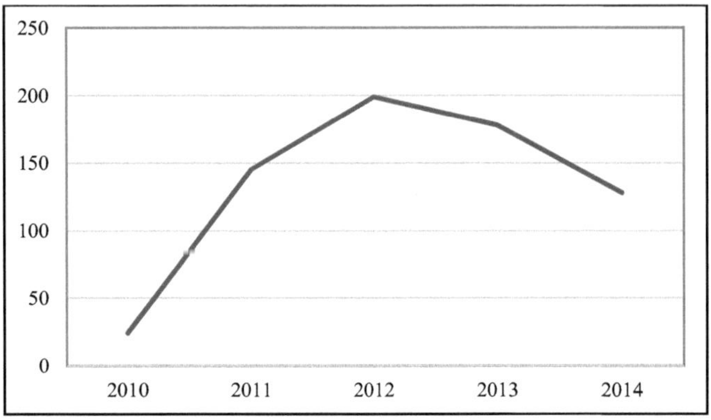

Fuente: Mejía, Cárdenas y Gomero-Cuadra. "Notificación de accidentes y enfermedades laborales al Ministerio de Trabajo. Perú 2010-2014", cit.

En cuanto a la figura 10, se muestra la variación de los años 2010 a 2014. Se advierte que en al año 2012 se ha presentado 199 accidentes letales a nivel nacional disminuyendo en el 2014 a 128 accidentes mortales.

Figura 11. Incidentes laborales desde el año 2010 al 2014

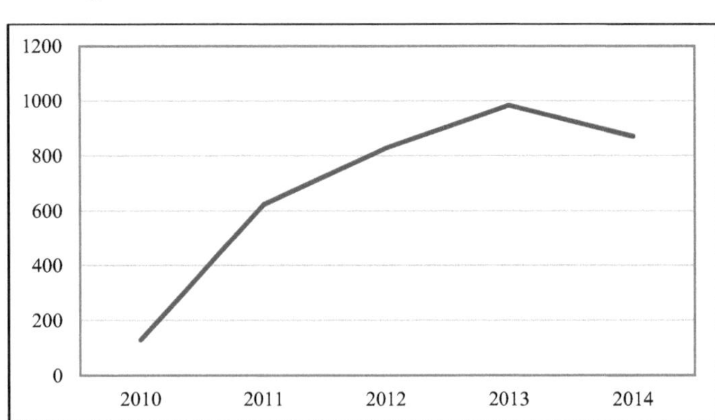

Fuente: Mejía, Cárdenas y Gomero-Cuadra. "Notificación de accidentes y enfermedades laborales al Ministerio de Trabajo. Perú 2010-2014", cit.

En la figura 11, se muestra la variación de los años 2010 a 2014. Al respecto, en el año 2013 se ha presentado 983 incidentes a nivel nacional, esto ha disminuido en el año 2014 a 870 incidentes.

Las empresas y el Estado deben implementar estrategias para aminorar el riesgo, al impartir capacitaciones a los trabajadores, brindar material de seguridad y realizar inspecciones por parte de la Superintendencia Nacional de Fiscalización Laboral (SUNAFIL, 2016).

Figura 12. Enfermedades laborales del año 2010 al año 2014

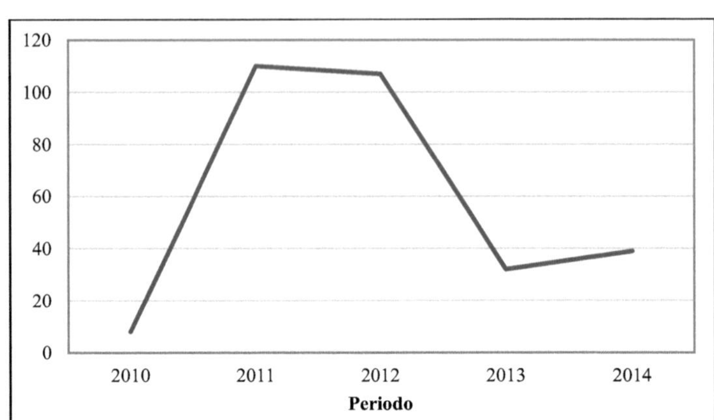

Fuente. Mejía, Cárdenas y Gomero-Cuadra. "Notificación de accidentes y enfermedades laborales al Ministerio de Trabajo. Perú 2010-2014", cit.

En la figura 12, se muestra la variación del año 2010 al año 2014. Así mismo, se aprecia que en los años 2011 y 2012 se ha presentado el mayor número de enfermedades laborales a nivel nacional, lo cual disminuyó en el año 2014.

CAPÍTULO CUARTO:
PROPUESTA DE PLANIFICACIÓN DE UN SISTEMA DE SEGURIDAD Y SALUD OCUPACIONAL PARA UNA EMPRESA DE SANEAMIENTO. ESTUDIO DE CASO

I. Planteamiento del problema

La seguridad empresarial es aquella que se ocupa de normas, procedimientos y estrategias, destinados a preservar la integridad física del personal[53].

Entonces, toda organización existente debe ser un referente de la sostenibilidad laboral. Por tal motivo, no pueden continuar solo con la realización de producción de bienes y servicios, sino que deben ser capaces, en su día a día, de asumir el reto de reducir su impacto en los riesgos laborales, para beneficio de su entorno.

De acuerdo con los datos estadísticos del MTPE del Perú, entre los años 2010 y 2014 se notificaron 54 596 accidentes laborales no letales y 41 962 accidentes laborales letales a nivel nacional[54]. Lo cual evidencia que hay una gran cantidad de accidentes ocurrido en los centros laborales del país.

En relación con la empresa SEDA-JULIACA, que brinda servicios de agua potable y alcantarillado a diversos sectores del Perú, cumple con estándares de salud. De igual modo, las principales actividades se desarrollan en plantas que depuran aguas residuales, área de producción, y son las siguientes operaciones: captación de limpieza, del área de captación del río Coata, sector Ayabacas; bombeo e impulsión; mantenimiento de equipos (electrobombas); sedimentación y limpieza de sedimentadores; así como limpieza de filtros convencionales. Sin embargo, se detectó que los trabajadores no cuentan con los EPP (equipos de protección personal) adecuados en cada una de las actividades, tampoco se advierte señalizaciones de seguridad, por tanto, los trabajadores están expuestos a peligros.

---

[53] Congreso de la República. *Ley de Seguridad y Salud en el Trabajo*, cit.

[54] Mejía, Cárdenas y Gomero-Cuadra. "Notificación de accidentes y enfermedades laborales al Ministerio de Trabajo. Perú 2010-2014", cit.

Frente a esta situación laboral, se debe implementar un SGSST para reducir los accidentes en el lugar de trabajo, disminuir el tiempo improductivo y los costos asociados, así como aclarar su compromiso con la salud y seguridad de los empleados.

Los sistemas de gestión estandarizados son instrumentos de gestión y documentación experimentados, basados en procedimientos "normalizados" y son una buena herramienta que prevé accidentes en las empresas.

Por esto se propone diseñar un SGSST en función de la norma OHSAS 18001 para la empresa SEDA-JULIACA, a partir de un "diagnóstico sistémico de prevención de riesgos"[55] desde el punto de vista organizacional, que incluye los efectos de riesgos más evidentes. Esto es, al identificar la problemática y diagnóstico del funcionamiento del sistema de gestión de salud y seguridad en dicha empresa.

II. Problema del estudio

A. Problema general

¿De qué manera beneficiaría la propuesta de planificación de un Sistema de Gestión de Seguridad y Salud Ocupacional en la empresa de saneamiento SEDA-JULIACA según la norma OHSAS 18001?

B. Problemas específicos

- ¿De qué manera realizar un diagnóstico detallado de la situación actual de SGSST de la empresa SEDA-JULIACA?

- ¿Qué aspectos debe contener el Sistema de Gestión de Seguridad y Salud Ocupacional basado en la norma OHSAS 18001 propuesto para la empresa SEDA-JULIACA?

- ¿Se debe elaborar una matriz de identificación de peligros y evaluación de riesgos?

[55] Morell González, Luisa María; Rosa Maricela Cedeño Zambrano y Sarai Ramírez Cruz. "Gestión sistémica de los riesgos institucionales. Diagnóstico en la Universidad Agraria de La Habana y la universidad Técnica de Manabí". *Cofin Habana*, vol. 13, n.° 1, 2019, pp. 1 a 10, disponible en [http://scielo.sld.cu/scielo.php?script=sci_arttext&pid=S2073-60612019000300016], p. 1.

III. Objetivos del estudio

A. Objetivo general

Proponer la planificación de un Sistema de Gestión de Seguridad y Salud Ocupacional para la empresa de saneamiento SEDA-JULIACA basado en la norma internacional OHSAS 18001.

B. Objetivos específicos

- Diagnosticar la situación en SGSST de la empresa de saneamiento de SEDA-JULIACA.
- Determinar qué aspectos debe contener el sistema de gestión de seguridad y salud ocupacional en la empresa de SEDA-JULIACA.
- Elaborar matriz de identificación de peligros y valuación de riesgos (IPERC).

IV. Hipótesis del estudio

A. Hipótesis general

La propuesta de planificación de un SGSST, basado en la norma OHSAS 18001, en la empresa de saneamiento SEDA-JULIACA permitirá mejorar el sistema de gestión de seguridad y salud laboral.

B. Hipótesis específicas

- Se realizará el diagnóstico, la situación del SGSST de la empresa de SEDA-JULIACA.
- Se determinará los aspectos que deben contener en el sistema de gestión de seguridad y salud ocupacional en la empresa de saneamiento SEDA-JULIACA.
- Se elaborará una matriz de identificación de peligro y evaluación de riesgos (IPERC).

V. Justificación

En primera instancia, se considera que la propuesta integre acciones que contribuyan a la solución de problemáticas diagnosticadas y un conjunto de parámetros que permitan su medición, control y seguimiento. La determinación clara del proceso por parte de la alta gerencia de la empresa SEDA-JULIACA constituye un elemento esencial en su desarrollo.

Por tanto, la realización de un diagnóstico del SGSST en dicha empresa permitirá tener comprensión de:

- — El estado de SGSST en la empresa, a partir del cual se puede definir una correcta política y objetivos del sistema de seguridad que haga posible el desarrollo de la implementación del SGSST.
- — La identificación de aquellas incidencias de riesgo que afectan a la empresa, con el propósito de corregirlas.
- — Cumplir con la normativa nacional sobre seguridad y salud laboral.
- — Realizar el sistema basado en la norma OHSAS 18001, de manera que personal de la empresa participe de esta con facilidad.

Además, esta propuesta posibilitará que disminuya la cantidad de incidentes y los periodos no productivos, que la empresa se comprometa a brindar seguridad y salud a los trabajadores, fortalecer los recursos en un entorno sostenible y accesible, de modo que se coadyuve a la gestión de recursos humanos para el desarrollo de la sociedad.

VI. Variables de estudio

Las variables de las hipótesis son las siguientes:

- — Variable independiente: norma internacional OHSAS 18001.
- — Variable dependiente: planificación de un Sistema de Gestión de Seguridad y Salud.
- — Variable Interviniente: diagnóstico de la seguridad y salud ocupacional de la SEDA-JULIACA.

VII. Población y muestra

La población de estudio está compuesta por 175 trabajadores que laboran en la empresa de saneamiento SEDA JULIACA, de los cuales 6 son funcionarios de confianza, 63 son trabajadores permanentes (empleados y obreros), 33 son trabajadores contratados (empleados y obreros) y 73 son personal eventual o por servicios no personales.

La muestra que se ha considerado para este estudio está compuesta por 30 trabajadores de la planta de tratamiento. Se ha tomado una muestra no probabilística, ya que depende de "causas relacionadas con las características de la investigación, es decir, la muestra obedece a la importancia del manejo de recursos"[56].

Área de estudio

Esta investigación se realizó en la empresa SEDA-JULIACA, en específico dentro del área donde se encuentra la planta de tratamiento de agua potable. Se localiza en la ciudad de Juliaca, provincia de San Román, departamento de Puno.

---

[56] Roberto Hernández-Sampieri y Christian Paulina Mendoza Torres. *Metodología de la investigación: las rutas cuantitativa, cualitativa y mixta*. Ciudad de México, McGraw-Hill Interamericana Editores, 2018, p. 200.

Figura 13. Visualización satelital de la empresa SEDA-JULIACA

Fuente: EPS SEDA-JULIACA. *Datos generales de la empresa.* Juliaca, Perú, EPES SEDA-JULIACA, 2023, disponible en [https://SEDA-JULIACA.com/datos-dela-empresa/].

Figura 14. Área de la planta de tratamiento de agua potable

Fuente: EPS SEDA-JULIACA. *Datos generales de la empresa.* Juliaca, cit.

VIII. Tipo y enfoque de estudio

Este estudio corresponde a un enfoque cualitativo, de tipo descriptivo explicativo, ya que detalla situaciones, eventos y hechos particulares que han ocurrido. Los estudios descriptivos buscan especificar las propiedades, las características, los perfiles de personas y comunidades, en este caso de una organización que se somete a un análisis. Mientras que los estudios aplicativos buscan que todos los puntos desarrollados en la investigación sean aplicados en las actividades desarrolladas.

IX. Técnicas e instrumentos de recopilación de datos

Se realizó una revisión bibliográfica de las normas aplicadas a las empresas respecto a seguridad y salud, así como también se verificó la documentación concerniente a la empresa objeto de estudio. Por tal motivo, se ha efectuado un diagnóstico previo de la empresa SEDA-JULIACA y sus riesgos.

Además, se realizaron entrevistas a los empleados de la planta de tratamiento de la empresa.

X. Procesamiento de datos: diagnóstico previo de la situación empresarial

A. Diagnóstico previo de la empresa

Descripción de la empresa

La empresa denominada EPS SEDA-JULIACA-S.A. se encarga de brindar servicios de agua potable y alcantarillado en Juliaca. Se encuentra a más de 3,286 metros sobre el nivel del mar. El área urbana se extiende sobre una superficie aproximada de 41km^2, y la topografía es plana con una pendiente de 0,45 a 0,50 por metro.

Planta de tratamiento

Juliaca cuneta con una fuente de suministro de agua superficial que se origina en el río Coata, cuyas aguas son captadas en el sector denominado Ayabacas. A la fecha, el caudal de tratamiento es de 300 L/s a 400 L/s. Cuenta con dos sistemas de tratamiento: uno convencional que trata 100 L/s, con un sedimentador de gruesos, un floculador horizontal tipo pantalla y tres sedimentadores de finos, además, el estado de conservación es regular debido a las refacciones que se hicieron. El otro sistema consta de dos unidades compactas del tipo DEGREMON (manto de lodos), teóricamente diseñado para una capacidad de 120 l/s en cada uno.

Operaciones que se realizan en la planta de tratamiento

- *Captación.* Se capta por bombeo del río Coata, a través de cinco tuberías de 10" y 14" de diámetro, con una capacidad estimada de 400 l/s. El agua es recolectada directamente a dos cisternas, cada una instalada a una caceta de bombeo horizontal; luego, el agua captada es impulsada a la planta de tratamiento a través de una tubería de impulsión de 24" de diámetro y a una distancia de 85 m.
- *Sedimentación.* Tratamiento que consiste en retener por decantación las partículas gruesas, las cuales sedimentan por su propio peso o gravedad.
- *Floculación.* Interviene en la unidad de tratamiento hidráulico de pantallas horizontales, con el fin de realizar una agitación lenta para formar flóculos, la cual se forma por la adición de un componente químico como $Al_2 (SO_4)3.5H_2O$.
- *Filtración.* Se filtra con una batería de 10 filtros de arena, con una capacidad de filtración de 300 L/s y otro filtro a presión de 35 L/s. Los filtros retienen partículas en suspensión que pasan por el proceso de sedimentación.
- *Desinfección.* Se cuenta con un dosificador de cloro de 500 Lb/24 horas.
- *Impulsión.* Cuenta con tres equipos de bombeo horizontales de 100 L/s cada uno y un equipo vertical con un caudal de 50 L/s, que abastecen a los reservorios de la ciudad: cerros Colorado y Santa Cruz, así como Independencia; con una capacidad de 10 745 m^3 para su almacenamiento.

Servicio y distribución de agua potable

Esta empresa dispone de más de 400 km de red comprendidos entre 2" a 24" de diámetro, elaborado con tuberías de hierro fundido, asbesto cemento y PVC. El servicio de agua potable que se brinda a la población es de 23 000 m^3 diarios, con una cobertura del 63% en un promedio de 5 horas diarias, con pérdidas estimadas de aproximadamente el 30%.

Conexiones domiciliarias

La empresa cuenta con 41 314 conexiones totales de agua potable, el porcentaje de micro medición es bastante bajo.

Control de calidad

Este laboratorio especializado se utiliza para efectuar análisis fisicoquímicos y bacteriológicos, y así garantizar la calidad del agua potable que se brinda a los usuarios.

Alcantarillado para el tratamiento de aguas residuales

La cámara principal proceso por completo las aguas residuales de los habitantes, esta bombea 12 000 m^3 por día (cobertura del 62%). Además, se han instalado siete cámaras auxiliares en la zona.

La planta para tratar aguas residuales se ubica en el sector suroeste de la ciudad, en el sector Chilla. Consta de ocho lagunas de oxidación (facultativas primarias), que a la fecha no cumplen con su propósito debido a la falta de tratamiento y extracción de lodos sedimentados en gran cantidad. El efluente consta de una tubería de AC, de 21" de diámetro, que desemboca en el río Torococha.

Organización

La empresa de saneamiento SEDA-JULIACA dispone de la siguiente estructura:

1. Junta general de accionistas

   — Directorio

   — Gerencia general

2. Órganos de control

   — Oficina de control institucional

   — Órganos de asesoramiento

   — Oficina de planeamiento

   — Oficina de asesoría legal

   — Oficina de imagen institucional

   — Oficina de informática

3. Órganos de apoyo

   — Gerencia de administración

   — División de contabilidad

   — División de tesorería

   — División de recursos humanos

   — División de abastecimiento

4. Órganos de línea

   — Gerencia de ingeniería

   — Gerencia de operaciones

   — Gerencia comercial

Figura 15. Organigrama general de la EPS SEDA-JULIACA S.A.

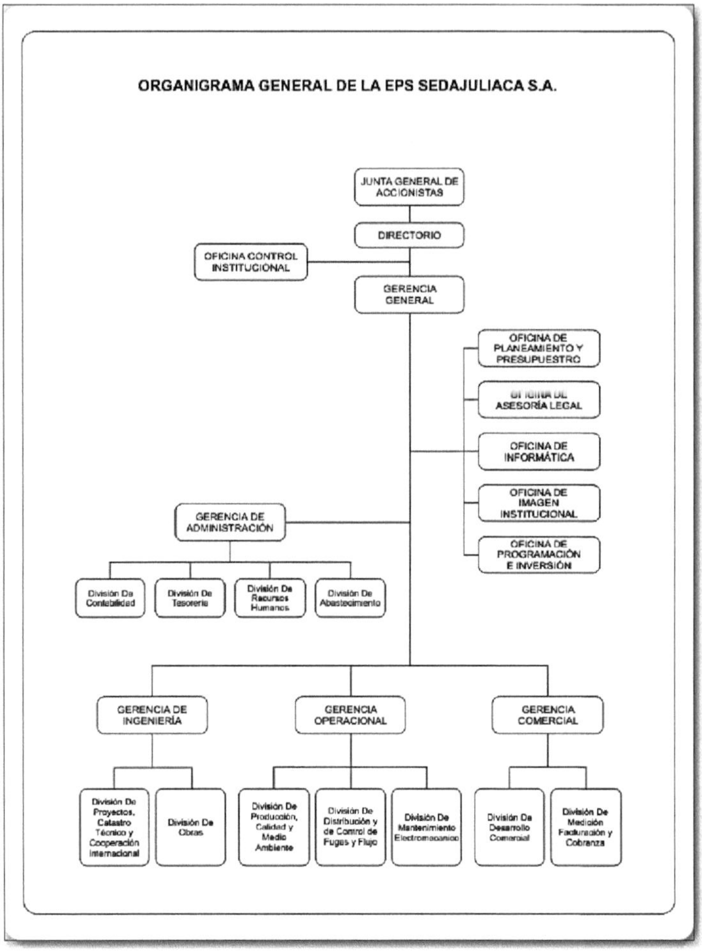

Fuente: EPS SEDA-JULIACA. *Datos generales de la empresa*, cit.

A pesar de la amplia experiencia con que cuenta la empresa SEDA-JULIACA en brindar servicio de agua potable, así como la capacidad de su fuerza laboral, no dispone de ningún sistema de gestión implementado en su organización, siendo esto necesario para alcanzar los más altos estándares en cuanto a salud y seguridad ocupacional.

De esta forma, es importante que las empresas tengan en cuenta la Ley N.° 29783[57], que regula la normativa interna en el marco de salud y seguridad laboral.

Principios axiológicos

Toda empresa debe establecer sus principios axiológicos para una convivencia armónica, SADAJULIACA no es la excepción, por lo que su gestión de calidad contiene varios valores, siendo estos de conocimiento de todos sus trabajadores:

— vocación de servicio, siendo el usuario, centro de trabajo, la responsabilidad de la empresa;
— respeto;
— disciplina, en cuanto a cumplir a cabalidad con los procedimientos y parámetros establecidos para la producción;
— seguridad en el trabajo y
— respeto al medio ambiente.

Servicios que brinda

La empresa de saneamiento SEDA-JULIACA, brinda servicios de agua potable y alcantarillado, a 199 800 habitantes de la provincia de San Román, en Juliaca.

La empresa administra y maneja los recursos económicos para cubrir los costos de operación y mantenimiento, a través de la gerencia comercial.

Tabla 5. Usuarios de SEDA-JULIACA

Servicios	**Usuarios (conexiones domiciliarias)**	**% de cobertura**
Agua potable	49 940	75.50%
Alcantarillado	50 925	77,10%

[57] Congreso de la República. *Ley de Seguridad y Salud en el Trabajo*, cit.

B. Riesgos laborales de salud y la seguridad

Se conoce como riesgos de seguridad a aquellos en los que hay contacto con maquinarias e infraestructura, así como en los procesos y procedimientos involucrados, vinculados a las mismas. Entre estos se consideran los riesgos de origen mecánico (contacto con elementos móviles, de corte, de presión, etc.), riesgos de origen eléctrico, riesgos de origen ergonómico (posturas, sobreesfuerzos, entre otros) y todos aquellos vinculados con los procesos y la maquinaria e infraestructura.

— *Riesgo físico*. Es el riesgo ocasionado por la presencia de agentes físicos. Estos pueden ser: ruido, temperatura, presiones extremas, radiaciones, entre otros. Es necesario que el personal responsable se familiarice con estos agentes físicos y comprenda sus efectos nocivos potenciales. Cabe aclarar que los efectos nocivos de los agentes físicos se pueden sentir inmediatamente o después de largos periodos de tiempo.

— *Riesgo químico*. Es el riesgo que se presenta por el uso de sustancias químicas que tienen el potencial de crear problemas graves en la salud a falta de un uso adecuado. Estas sustancias pueden ser: polvos, fibras, humos metálicos, aerosoles, gases de cloro, vapores, etc.

— *Riesgo biológico*. Es la exposición a agentes biológicos que puede representar una amenaza para los empleados debido a la posible exposición de agentes infecciosos. Entre los agentes que ocasionan infecciones se incluyen las bacterias, los virus y en menor grado los hongos y los parásitos. Estos se pueden transmitir mediante la inhalación, la inyección, la ingestión o el contacto con la piel.

— *Incendio y explosión*. Por la gravedad de este peligro se ha considerado como un criterio independiente de los demás riesgos mencionados. Este peligro se presenta cuando se utilizan sustancias que generan gases o vapores que al contacto con sustancias combustibles pueden producir incendio o explosión.

C. Corroboración del diagnóstico de la empresa de saneamiento según la OHSAS 18001

Es necesario que la lista de corroboración del diagnóstico sobre el estado actual de la empresa SEDA-JULIACA cumpla con la norma internacional OHSAS 18001; para ello se utilizó la información recopilada en la revisión de los documentos y en las entrevistas hechas al personal administrativo y operativo de la empresa.

La norma OHSAS 18001 especifica los requisitos para un SGSST, cuyo diseño requiere de los recursos con los que cuenta la organización que desea certificarse. Este diseño se realiza al definir procedimientos e instrucciones específicas en el ámbito de acción de la empresa.

Revisión de la documentación

Desde las gerencias de la empresa, se evidenció la existencia de diversos documentos, entre los que se encuentran:

— Manual de Organización y Funciones (MOF);
— Manual de equipos;
— Manual de seguridad;
— Procedimientos operativos;
— Procedimientos de confidencialidad y seguridad de la información;
— Formatos de trabajo;
— Registros (archivos del personal, acciones correctoras en los servicios no conformes).

Se debe precisar que los documentos encontrados no siguen los lineamientos establecidos por la norma OHSAS 18001; en cuanto al control de documentos y de registros (EPS ILO S.A., 2020).

Entrevistas con el personal

Los resultados de la entrevista con el personal involucrado en la gerencia de operaciones tuvieron como objetivo la corroboración del procesamiento vigente en la empresa e identificar aquellos aspectos de la normativa que son cumplidos.

Resultados de la lista de verificación

De la recolección de la información, se obtuvo los resultados parciales de cada requisito de la norma OHSAS 18001; y el total del porcentaje de cumplimiento.

Tabla 6. Puntaje establecido por la norma OHSAS 18001

Requisitos	Puntos reales	Puntos totales	Cumplimiento %
4.1 Requisitos generales	4	10	40
4.2 Política de SST	5	11	45

4.3 Planificación	3	19	16
4.4 Implementación y Operación	14	41	34
4.5 Verificación	9	28	32
4.6 Revisión por la Dirección	3	7	43
Total	35	116	30%

Fuente: Asociación Española de Normalización y Certificación (Ed.). *OHSAS 18001:2007. Sistemas de gestión de la seguridad y salud en el trabajo – Requisitos*, cit.

En la tabla 6 se observan los resultados del nivel de cumplimiento por cada requisito de la norma OHSAS 18001:2007; donde el aspecto más bajo está en el cumplimiento del requisito *4.3: Planificación*. Los aspectos más altos se aprecian en el cumplimiento de los requisitos de *4.2 Requisitos Política de SST* y *4.1 Requisitos generales*.

Figura 16. Requisitos cumplidos de la norma OHSAS 18001

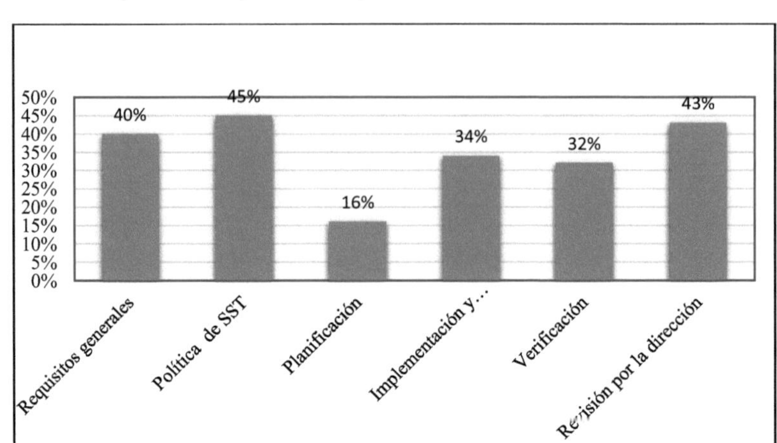

De acuerdo con la figura 16, se observa que el requisito *4.3 Planificación* es el más bajo con un 16% de nivel de cumplimiento, aquí se considera el IPERC, requisitos legales, objetivos y programas.

Además de la lista en forma general, se obtuvo como resultado que el nivel de cumplimiento de los requisitos para la norma aplicada en la empresa de saneamiento es del 30% (ver figura 17).

Figura 17. Representación gráfica del cumplimiento

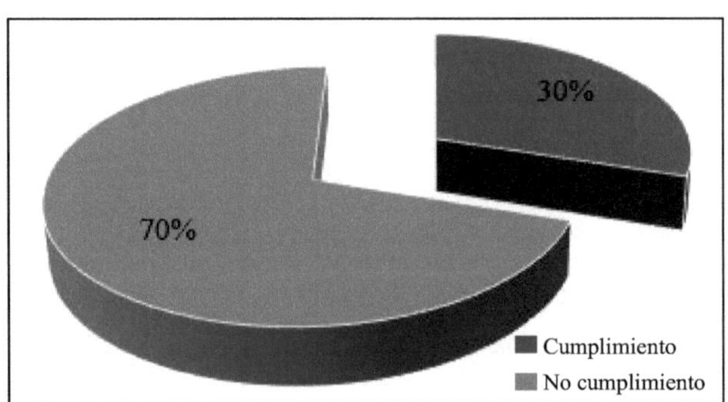

D. Criterios de propuesta de implementación

Dada la comparación de la norma OHSAS 18001 con el D.S. 005-2012-TR, se desprende que la categoría "Básicos" comprende el cumplimiento de la Ley N.° 29783 y su reglamento D.S. 005-2012-TR.

En esta comparativa también se observa que se encuentran ligados temas como *Disposiciones generales*, *Comité*, *Política*, *Planificación*, *Desarrollo SST*, entre otros. Tal como ocurre con el requisito 4.3 de la norma OHSAS 18001:2007 que se presenta en la tabla 7.

Tabla 7. Requisitos 4.3 de la norma OHSAS 18001 en comparación con el reglamento D.S. 005-2012

	OHSAS 18001:2007	**Número de artículo.**	**Reglamento D.S. 005-2012**
4.3	**Planificación**	76 al 78	Planificación y aplicación SGSST
4.3.1	Planificación para la identificación de peligros, evaluación de riesgos y determinación de controles	79 al 84 26 al 37	Planificación y desarrollo Organización del SGSST
4.3.2	Requisitos legales y otros requisitos	23 al 24 25	Sistema de Gestión de SST Política del SGSST
4.3.3	Objetivos y programas	79 al 84	Planificación y desarrollo

Fuente: Asociación Española de Normalización y Certificación (Ed.). *OHSAS 18001:2007. Sistemas de gestión de la seguridad y salud en el trabajo – Requisitos*, cit.

Según la norma OHSAS 18001, se deben implementar los requisitos del SGSST, los que se descomponen en los elementos 4.1, 4.2, 4.3, 4.4, 4.5 y 4.6.

Los requisitos 4.1 y 4.2 están relacionados con los requisitos generales y la política de SST (ver tabla 8).

Tabla 8. Requisitos 4.1 y 4.2 de la norma OHSAS 18001

	OHSAS 18001:2007	Art. N.°	Reglamento DS-005-2012
4	Requisitos del Sistema de Gestión de SST	38 al 73 74 al 75	El comité o supervisor SST Reglamento interno
4.1	Requisitos generales		
4.2	Política de SST	5 25	Política nacional SST Política del Sistema de Gestión de SST

Fuente: Asociación Española de Normalización y Certificación (Ed.). *OHSAS 18001:2007. Sistemas de gestión de la seguridad y salud en el trabajo – Requisitos*, cit.

Por ello, en la primera fase de la propuesta se deben establecer los objetivos y en la segunda fase, que trata de la puesta en funcionamiento del SGSST según la norma OHSAS 18001, se efectúa el reconocimiento de los peligros, se evalúan riesgos y se específica las acciones de control.

En tal sentido, se determina la política, los objetivos, las metas y los programas de gestión, se prosigue con el control de documentos y registros, se estructura el "Manual de SGSST", así mismo, se realiza la implementación y documentación de procedimientos exigidos por la norma que demuestren el control del sistema para cada proceso ejecutado en la empresa.

Acciones preliminares de la empresa

1. Propósito

El propósito de la empresa se centra en "brindar servicio de agua potable y alcantarillado de calidad".

2. Misión

Ofrecer un servicio de agua potable y saneamiento de calidad y que proteja el medio ambiente a nivel local, con eficiencia comercial, comunicación continua, desarrollo tecnológico y sostenibilidad.

3. Visión

Convertirse en una empresa líder en la región que brinde servicios de calidad asegurada.

4. El SGSST y los objetivos estratégicos

La planificación estratégica es una herramienta de mucha utilidad para las empresas en la actualidad. A fin de mantenerse y ser exitosas se requiere una habilidad que se puede desprender de qué tanto se conoce la empresa.

Entre sus beneficios se indica que:

— Permite establecer el rumbo de la empresa, sus objetivos, sus prioridades, sus metas y sus estrategias.
— Conoce con rigurosidad la realidad actual de la empresa y el entorno que influye en ella.
— Enmarca el mejoramiento de la calidad, dentro de un plan realista, objetivo y factible.
— Permite involucrar y sensibilizar a todos los colaboradores de la empresa en los planes y objetivos trazados.
— Alinea las actividades y optimiza el uso de los recursos en busca de una mayor eficiencia y logro de objetivos. Una parte importante para establecer las oportunidades y amenazas que existen en la organización, se entra en realizar un diagnóstico interno que permita identificar las fortalezas y debilidades con las que se cuenta y ver de una manera global todo el entorno.

Es un análisis que posibilita desarrollar habilidades y competencias dentro de cualquier organización, así como la toma de las mejores decisiones basadas en el FODA. Este análisis debe realizarse con los representantes de cada área.

Las funciones establecidas para la salud y seguridad laboral deben incluirse en el plan estratégico de la empresa. Además, la cantidad de requisitos legales involucrados se incrementa con el pasar de los años.

El interés de las organizaciones en exigir un sistema de gestión a sus proveedores; así como el incremento de las expectativas de los empleados por un ambiente de trabajo seguro, saludable y libre de contaminación. Para ello, se requiere establecer como objetivos la implementación de los requisitos en materia de SST, proporcionar el entorno laboral favorable y las capacitaciones necesarias para el desarrollo de empelados competentes, proveer con suficientes herramientas y requisitos legales para implementar el SGSST, perfeccionar la utilización de recursos.

Requisitos

1. Determinar las necesidades de los *stakeholders*

Se hace referencia a la incorporación de información (expectativas y situaciones) de los grupos de interés en el proceso del plan de implementación.

Las normas obligan a cumplir los requisitos y expectativas del gobierno y entes reguladores.

2. Identificación de los recursos legales y normativos

Su objetivo se centra en establecer el procedimiento para la identificación, actualización, acceso y seguimiento al cumplimiento de las normativas u otro requerimiento ligado al SGSST.

Así pues, para proceder con dicha implementación, se debe considerar los códigos sobre la práctica adecuada de salud y seguridad empresarial y la norma pública relacionada con las funciones de SEDA-JULIACA.

3. Establecimiento de SGSST

Dado que en la empresa SEDA-JULIACA se realizan actividades relacionadas con la planta de tratamiento, se aplica la norma OHSAS 18001, la ley n.° 29783 y el decreto supremo DS-005-2012-TR a dichos procesos operativos.

4. Definición del tiempo de implementación

La alta dirección tiene la responsabilidad de comunicar y asegurarse que todos deben estar informados sobre la fecha de inicio del proyecto.

Cabe señalar que, en la confección del diagrama de Gantt sobre las actividades del proyecto, en el caso del SGSST, se deberán contemplar las actividades para el cumplimiento en función de las debilidades destacadas, durante la realización del diagnóstico inicial; además del desarrollo e implementación del plan, revisión y mejora del SGSST.

5. Procesos dentro del alcance del SGSST

Se cuenta con determinados procesos y operaciones en la planta de tratamiento de agua:

— Captación de agua
— Limpieza del río área de captación, sedimentadores y filtros
— Mantenimiento de electrobombas
— Impulsión de agua tratada mediante electrobombas
— Control de calidad del agua

Esta empresa debe contar con un manual en el cual incluya todos lo ocurrido en la planta de tratamiento; de modo que brinde datos sobre los procesos, indicadores y formatos del SST en su empresa. Así mismo, se tomará en cuenta lo estipulado en el D.S. 005-2012-TR para garantizar que toda la información necesaria sea debidamente documentada.

Compromiso de la dirección general de SEDA-JULIACA

Las acciones concretas tomadas por la dirección de la empresa demuestran el compromiso de esta con la seguridad y la salud en el entorno laboral mediante actividades específicas, tales como:

— Incorporar en las reuniones programadas temas relacionados con la SST.
— El supervisor de trabajo o CSST verifica las condiciones de seguridad y salud ocupacional.
— Se aplica la validación del SGSST para garantizar la integridad del empleado.

El proceso de revisión de la gerencia debe garantizar el buen manejo de la información y que permita la evaluación. También ese requiere incluir auditorias, análisis estadístico de accidentalidad, estado de las acciones correctivas y preventivas, así como resultados de revisiones gerenciales anteriores. El análisis de revisión por gerencia debe estar documentado.

En tanto, la revisión debe integrar la necesidad de efectuar cambios en el sistema, incluyendo la política y objetivos (nuevos o actualizados para el mejoramiento continuo), y establecer el plan de acción a seguir.

La empresa de saneamiento SEDA-JULIACA, al presentar propuestas y en armonía con las disposiciones legales, deberá especificar los recursos que asignará para el cumplimiento del SGSST.

En el artículo 26 de la Ley N.° 29783[58] se señala que, el liderazgo del SGSST es responsabilidad del empleador, pues asume el liderazgo y compromiso de estas actividades en la organización, entre las que destaca: delega las funciones y la autoridad necesaria al personal encargado del desarrollo, aplicación y resultados del SGSST, quien rinde cuenta de sus acciones al empleador o autoridad competente.

Esta empresa también demuestra conocimiento de las normas de regulación en SST que rigen en el país, y que deben ser aplicadas.

Así pues, esta empresa ha definido un procedimiento para identificar continuamente y tener acceso a los requerimientos legales aplicables. La organización mantiene esta información actualizada en el comité de SST.

E. Actividades realizadas en la empresa

Esta empresa se esfuerza por cumplir con la normativa de seguridad aplicada a alas distintas áreas productivas, tanto en la planta de tratamiento de aguas residuales como en las redes, mantenimiento y oficinas (áreas de operaciones, comercial y de ingeniería).

Planta de tratamiento

Cuenta con procesos unitarios cuyo propósito principal es eliminar sólidos (partículas y coloides). Se recomienda que las empresas realicen al menos un control de turbidez, pH y aluminio, sin exceder los límites permisibles prescritos por las entidades correspondientes. Así mismo, se detallan los procesos realizados en cada área:

— *Captación*. Se capta agua mediante bombas electrógenas.
— *Sedimentación*. Es donde se retiene por decantación las partículas gruesas.
— *Floculación*. Unidad de tratamiento hidráulico de pantallas horizontales.
— *Filtración*. Se utiliza filtros de arena.
— *Desinfección*. Se cuenta con un dosificador de cloro.
— *Impulsión*. Cuenta con tres equipos de bombeo horizontales de 100 L/s cada uno y un equipo vertical con un caudal de 50 L/s.

[58] Congreso de la República. *Ley de Seguridad y Salud en el Trabajo*, cit..

— *Reservorios*. Cuenta con seis unidades: Cerro Colorado (2), Santa Cruz (3) e Independencia (1). Su capacidad de almacenamiento total es de 10 745 m^3.

Las tareas ejecutadas dentro de estas áreas requieren de instrucciones de funcionamiento para el correcto manejo de la maquinaria y mantenimiento de EPPS

Figura 18. Limpieza del área de captación a orillas del río Coata en el sector de Ayabacas

Esta operación requiere la consideración de los siguientes parámetros técnicos:

1. Retirar del área de trabajos elementos prescindibles que impidan la limpieza de riberas.
2. Utilizar equipos de protección (casco, gantes, entre otros).
3. Hacer uso de rastrillos para quitar elementos de la ribera.

Figura 19. Mantenimiento y limpieza de las celdas hidráulicas y sedimentadores

Los cuidados de mantenimiento en las celdas hidráulicas y sedimentadores son imprescindibles, por ello es necesario:

1. Revisar las celdas y decantadores en busca de grietas.
2. Limpiar con rasqueta, cepillo y chorros de agua.
3. Retirar los objetos y obstrucciones innecesarios en el espacio de trabajo.
4. Utilizar equipos de protección.
5. La plataforma de acceso segura se utiliza para limpiar celdas y sedimentadores.

Figura 20. Casa Fuerza

Según lo observado en la figura 20, el equipo de trabajo se protege de los niveles de ruido dentro del área de materiales electrógenos, ya que estos superan el nivel de referencia. Esta operación requiere la consideración de los manuales de control y limpieza

Electrobombas

Respecto al manejo y limpieza de electrobombas, es importante realizar ciertos procedimientos descritos a continuación:

- No conducir con exceso de velocidad nominal.
- Evitar el contacto con aparatos giratorios e instalar dispositivos de protección en las electrobombas
- Prever mediante procesos adecuados para manipular, instalar, operar y mantener el equipo.
- Se requiere de una apropiada lubricación de la bomba para su correcto funcionamiento, la cual se debe instalar sobre una base segura para evitar vibraciones.
- Si el nivel de ruido excede el nivel estándar, usar protección auditiva.

Suelos (superficies de trabajo) y pasillos

También es relevante el estado de los pisos en el entorno laboral, por lo que se toma en cuenta:

- Condiciones de orden, limpieza y salubridad.
- Mantenimiento de tuberías o sistemas de drenaje.
- Sin riesgo a caídas.
- No existen protuberancias como rocas, hormigón, entre otros, en la superficie.
- Las grietas deben estar tapadas o blindadas.

Herramientas manuales y mecánicas portátiles

Todo tipo de herramienta u otro elemento utilizado también son de gran importancia, por lo que es necesario dispongan de un almacenamiento apropiado, conservar las herramientas, los cables eléctricos, las conexiones a tierra y el aislamiento doble en buen estado y operacionales, así como también capacitar al personal para revisar el estado general de estos equipos cuidados y mantenerlos para su buen funcionamiento.

Almacén

Para mantener este espacio funcional, se debe considerar:

- El orden y la limpieza del almacén.
- Las zonas de acceso y transición sin obstáculos.
- Para la carga y descarga tanto de mercancías como de materias primas, el vehículo deberá detener el motor y bloquear las ruedas mediante un taco y el freno de mano.
- Inspeccionar de manera periódica los lineales de las tiendas y sustituir los productos defectuosos.
- Utilizar guantes y botas de protección.
- No emplear objetos que pesen más de 25 kg para hombres y 15kg para mujeres. Siempre solicita ayuda a un colega cuando se den estas circunstancias.
- Al levantar un objeto, ponerse en cuclillas, luego doblar las piernas para levantar el objeto, mantener la espalda recta, agarrar el objeto con firmeza y sostenerlo lo más cerca posible de su cuerpo. No se debe girar las caderas ni levantar la carga por encima de los hombros.
- Llevar indumentaria de trabajo adecuada.
- Al usar una computadora, sentarse con la espalda recta y los brazos perpendiculares a la mesa.
- Situar el monitor de modo que la parte superior de la pantalla se alinee aproximadamente al nivel de los ojos y evitar reflejos de luz y ventanas.

Áreas de circulación

Para el mantenimiento de esta área se requiere seguir ciertas pautas:

- Limpiar los pisos y colocar los carteles que adviertan sobre el riesgo de resbalones.
- Los pasillos se mantendrán ordenados y libres de obstrucciones en todo momento.
- No usar ambas manos al subir o bajar las escaleras. Es importante que una mano esté libre para agarrarse a la barandilla.
- Si se requiere trasladar varios productos, se debe contar con buena visibilidad de estos en la parte superior y por ambos lados al sostenerlo con los brazos.
- Instalar señales de salida de emergencia.
- Señalizar las puertas de cristal con una banda reflectante, la cual se colocará en todo el ancho de la puerta a 1,40 m del suelo.

Iluminación

Es esencial que se consideren varios puntos:

- Las zonas de tránsito y trabajo deben estar iluminadas de manera apropiada.
- Los pasillos, las escaleras y las oficinas necesitan de iluminación en todo momento.
- Prevenir la fatiga visual.
- Se debe instalar iluminaciones de emergencia en la totalidad de las rutas.

Mobiliario general

Todo mobiliario debe contar con ciertos parámetros:

- Implementar sillas cómodas, bien ajustadas, regulables en altura y, a ser posibles, estables y giratorias.
- Disponer de un escritorio cómodo y manteles de plástico duradero.
- No colocar cajas papeles, entre otros elementos pesados encima de armarios, mesas o estanterías archivadoras, ya que puede caer sobre cualquier individuo.
- Cerrar los cajones de muebles.
- Los electrodomésticos pesados o estanterías se sitúan cerca de las paredes.

Registros eléctricos

En cuanto a este aspecto, se establece que:

- Las reparaciones eléctricas solo se ejecutan por personal autorizado y capacitado.
- Inspeccionar las conexiones eléctricas en la oficina en búsqueda de alambres y enchufes desgastados o cables que restrinjan el desplazamiento de los empleados.
- Impedir que se coloquen cables por las zonas de circulación de los empleados.
- Al desconectar el enchufe, asegurarse de sujetar este en lugar de tirar del cable.

Señalización y etiquetas

La eliminación arbitraria de señales o etiquetas de advertencia está prohibida y puede resultar en multas y posible amonestación, suspensión o despido, de acuerdo con la gravedad de la infracción.

La tarea que implique altos riesgos como alturas, aglomeraciones, maquinarias de alto voltaje, intoxicaciones por gases y contaminación ambiental deben estar señalizado con avisos de advertencia y de peligro.

De manera similar, se requieren señales de evacuación de emergencia y zonas de seguridad en todos los espacios. Una señalización apropiada precisa del uso de códigos nacionales establecidos tanto de colores como de símbolos (INACAL, 2016).

Por ello, en esta empresa se debe contar con:

— Señales de advertencia de riesgo en zonas de peligro inminente.
— Todos los equipos defectuosos deben señalar ello mediante una etiqueta.
— Las señalizaciones por colores indican ciertas condiciones: peligro inminente (color rojo), en modificación (color naranja), área en cambio (color amarillo), seguridad y primeros auxilios (color verde), datos generales (color azul).
— Etiquetar aquellos contenedores y transportes de sustancias nocivas.

Iluminación

Si se cuenta con luz natural sea insuficiente, se instalará la iluminación artificial en las áreas de trabajo y el resto de espacios de la empresa. La luz artificial es uniforme, de una intensidad continua y suficiente para ejecutar las funciones con tranquilidad: mientras que la luz natural entra por tragaluces, ventanas o paredes fabricados con materiales transmisores de luz para garantizar una iluminación homogénea.

Sustancias químicas y combustibles

Es importante que todo el personal de la empresa disponga de protección apropiada para realizar sus funciones, sobre todo si se trabaja con gases tóxicos (como el gas cloro), exposiciones a compuestos químicos. Por otro lado, el tanque debe estar equipado con una válvula de seguridad de presión, con apoyo y protegerlo de la corrosión. También es esencial que controle la temperatura de los materiales con el fin de evitar su ebullición.

Figura 21. Agentes químicos peligrosos

Laboratorio	Sulfato de Aluminio	Tanques de Cloro	Dosificadores

Fuente: EPS SEDA-JULIACA. *Datos generales de la empresa*, cit.

Figura 22. Mapa de señalización de riesgos en la empresa SEDA-JULIACA

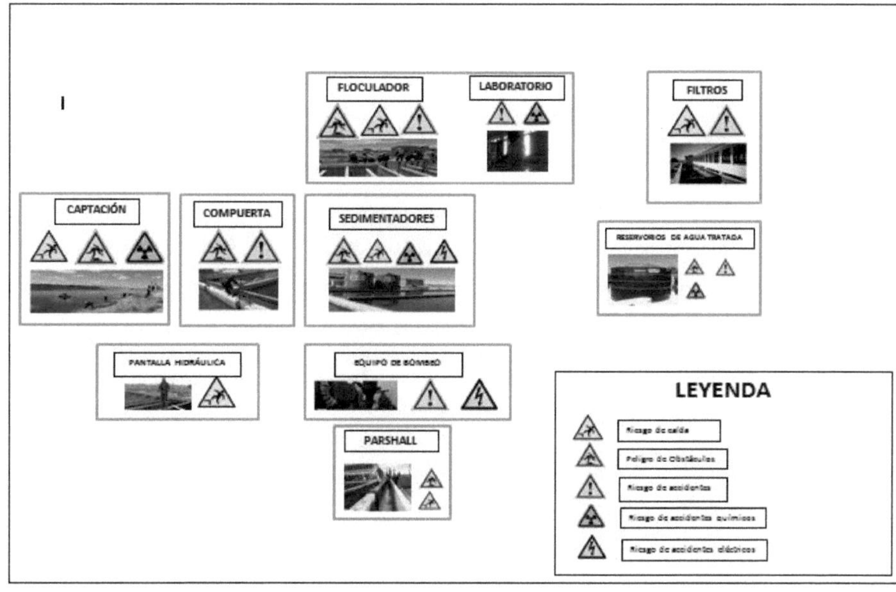

Fuente: EPS SEDA-JULIACA. *Datos generales de la empresa*, cit.

Riesgos específicos

En esta empresa se toma en cuenta que una gestión apropiada de los peligros respalda los planes operativos. Al respecto, se señalan ciertas medidas de impacto a considerar en las inundaciones:

— El cauce del río Coata se observa erosionado.

— Desborde generado desde el punto de toma de agua hasta la planta de tratamiento.

— Desarrollo de redes de toma de agua (rejas de captación) para las instalaciones de tratamiento de aguas residuales.

— El impacto se genera desde el mes de enero hasta marzo.

En el caso de presentarse una situación de sequía, el impacto es el siguiente:

— Se reduce el caudal del río Coata.

— Disminuye el personal debido a la reducción de la producción.

— Dado que algunas maquinarias tienen un funcionamiento intermitente, los sedimentos se acumulan al interior de las tuberías y, por consiguiente, la calidad de agua se deteriora.

Riesgos eléctricos

Aquellos materiales utilizados en la totalidad de los equipos eléctricos serán elegidos en función de la tensión, carga y otras condiciones siempre que cumplan con los establecidos en las normativa eléctrica peruana (MINEM, 2006).

Cada cable debe estar aislado de manera adecuada, así también deben estar sujetos de forma segura a la canaleta con una ruta de escape en cada extremo en caso de que se ubiquen vías de manera aérea o subterránea.

Respecto de los tableros de distribución con conductores expuestos y corrientes alternas o de tensión a tierra que superan los 50 voltios, se deben proteges con barreras adecuadas y accesibles solo a los empleados autorizados.

De manera similar, al reparar una máquina se deben tomar las precauciones de seguridad, como quitar fusibles y utilizar sistemas de bloqueo (*lock out*) para evitar que otros individuos activen la maquinaria mientras esta se encuentra en uso.

Los empleados que reparan equipos eléctricos requieren de capacitaciones para trabajar con voltaje.

Además, es necesario usar guantes de cuero y zapatos aislantes sin parte metálica. También, se utilizan estaciones de trabajo separadas, como plataformas o pisos divididos.

Por último, todos los empleados que realicen sus funciones como electricistas deben estar capacitados en respiración cardiopulmonar o primeros auxilios si se genera un *shock* eléctrico.

Riesgo de caídas

La dinámica de la caída debido a la gravedad, y el objeto que "cae " muestra una aceleración favorable y aumenta su velocidad hasta detenerse debido a una fuerza externa. En suma, esta dinámica ocurre durante las fases de caída libre, aceleración y detenimiento.

Por ello, los sistemas que previenen caídas incluyen: elevadores de tipo balde para modificar el alumbrado público y de tijeras, plataformas de poleas, sistemas de elevación con diferentes tipos de winche (eléctrico, neumático y manual) y con riel de escalera eléctrica.

Riesgos químicos

De acuerdo con Del Pezo[59], se considera un peligro inminente la exposición del ser humano a gases tóxicos (gas cloro, gas venenoso). Si un trabajador inhala una concentración de esta sustancia que excede los 1000 ppm, puede causar su muerte. También tiene otro tipo de impacto a nivel pulmonar en el empleado, causando afecciones como bronquitis crónica.

De igual manera, si el trabajador utiliza el sulfato de aluminio, es posible que desarrolle diversos síntomas, tales como:

- Irritación de ojos, tracto gastrointestinal y de la piel por una exposición de corta duración a este compuesto químico.
- Afección del sistema nervioso central por una exposición de larga duración a este compuesto químico.

Investigación y análisis de incidentes y accidentes

Cada vez que ocurre un incidente o accidente laboral, la mayoría de los problemas se originan por diversos motivos, es poco común que resulten por una misma razón. Por tanto, es importante identificar la causa principal del problema para evitar que vuelva a ocurrir el incidente[60].

Entonces, de toda investigación se obtiene lo sucedido al detalle, el reconocimiento del origen de un accidente, identificación de riesgos, planteamiento y ejecución, sistema de control y demostración de interés.

1. Inventario de trabajos

---

[59] Otto Gabriel Del Pezo De la Cruz. "Modelo de gestión de seguridad y salud ocupacional para la empresa de agua potable, aguas de Península - Aguapen S. A." (tesis de maestría). Ecuador, Universidad Politécnica Salesiana, 2013, disponible en [https://dspace.ups.edu.ec/handle/123456789/4829].

[60] CONICYT. *Manual de normas: bioseguridad y riesgos asociados*. Chile, Fondecyt-CONICYT, 2018.

En primer lugar, se crea una lista de actividades esenciales para todo el personal involucrado en una tarea específica. En este caso se cuenta con operadores en planta, en equipo de bombeo, mantenimiento del equipo de bombeo, limpieza de celdas hidráulicas, instalación de agua y alcantarillado y conservación de redes.

Luego, se divide cada función en actividades, de manera que sea posible examinar cada una de estas e indicar su grado de importancia o irrelevancia. Esto lo realizan los supervisores en conjunto. Las tareas primordiales de los operadores en la planta de tratamiento son:

- Ejecutar las bombas de recolección de agua, de drenaje y su respectivo mantenimiento.
- Llevar a cabo el funcionamiento de las celdas hidráulicas y sedimentadores.
- Proceder con el cuidado y limpieza de los filtros convencionales.
- Limpiar cada espacio de trabajo.
- Ejecutar las funciones de limpieza en las redes de alcantarillado.

2. Identificación de trabajos críticos

Las actividades con historial de pérdida, por lesiones personales, daños a la propiedad o disminución de la calidad del producto, se categorizan según su criticidad.

Debido a que este programa es predictivo más que reactivo, es fundamental la integración de posibles pérdidas en la tarea, incluso si existen datos históricos sobre ello. Para esto, se requiere el planteamiento de varias interrogantes:

- ¿Puede esta tarea, si no se la ejecuta correctamente, resultar en una pérdida grave mientras se está realizando?
- ¿Puede esta tarea, si no se la ejecuta correctamente, dar como resultado una pérdida grave después de haber sido realizada?
- ¿Cuán grave puede ser la pérdida? (¿Cuál puede ser la gravedad de las lesiones?)
- ¿Con que frecuencia se espera que esto ocurra?

La regularidad de aparición se encuentra especificada por varios factores, de los que destacan:

- La cantidad de veces que se ejecuta una tarea durante un lapso de tiempo (repetición).

— Es posible que se genere una pérdida luego de ejecutar la actividad (pérdida probable).

Es esencial notar que existen distintos grados de importancia y que cualquier tarea que valga la pena realizar es, de hecho, importante en cierta medida. En tal sentido, se puede desarrollar una escala de criticidad para el sistema.

3. Trabajos en altura

Es de uso obligatorio el cinturón de seguridad si se labora desde una altitud de 1,80 m, dado el riesgo de caída libre u otras desventajas comentadas con anterioridad.

Así mismo, los empleados que trabajan en altura deben recibir una formación especial en el uso de cinturones y arnés de seguridad para prevenir instalaciones inapropiadas.

4. Respuesta frente a emergencias

Toda aquellas instalación, operación y actividad desarrollada en la empresa SEDA-JULIACA, dentro de su entorno están técnicamente calificadas como de "riesgo moderado" y, pese a ocurrir una situación de emergencia, no pueden ser controladas por los propios empleados de la empresas y necesitan de recursos internos. Por tanto, suca cualidades e impactos deben gestionarse en un marco organizacional que facilite una respuesta eficiente.

5. Plan de contingencia

Es de suma importancia que este plan sea implementado en cada área para prepararse y minimizar los daños que puedan generarse durante una emergencia.

Dicho plan requiere de un responsable para su ejecución, evaluación y difusión, así como la capacitación de las distintas brigadas de emergencia.

Para garantizar la formación de los empleados , se organizan ejercicios teniendo en cuenta la no interrupción de las operaciones en la planta de tratamiento.

Este plan también aporta un valor añadido en términos de seguridad para casos de emergencia y deben desarrollarse con estándares suficientes para ser respetados y permitir la evaluación de sus resultados de manera flexible y eficiente. De manera similar, se deben tomar en cuenta estos procedimientos:

— Plan de rutas de evacuación en situaciones de emergencia.
— Se realizan rescates de trabajadores y supervisiones médicas.

— Lista con nombres de contactos de emergencia del personal, inclusive dirección y números telefónicos.

Aquellas situaciones de emergencia que requieren cobertura incluyen explosiones, incendios, inundaciones, terremotos, lesiones personales, etc.

Es importante aclarar que los números telefónicos deben publicarse sin restricciones en las salas de seguridad principales, oficinas, áreas donde se encuentren una gran cantidad de empleados.

6. Botiquín de primeros auxilios

Se proporcionan botiquines de primeros auxilios con medicamentos y otros implementos de primera necesidad, cuyo tipo y disponibilidad se especificará por el caso suscitado. De Igual manera, el personal de emergencia recibirá una formación para garantizar una respuesta rápida y eficaz.

Entre las situaciones de emergencia recurrentes en la empresas analizada, se encuentran las inundaciones, los incendios, sismos (puede requerir la evacuación del personal de manera apropiada y eficaz).

Resulta efectivo este plan de emergencia porque garantiza que el personal se encuentre familiarizado con las instalaciones y procedimientos adecuados de evacuación. Las herramientas utilizadas para comunicar estos procedimientos incluyen planos de evacuación y señalización.

7. No conformidades, incidentes, accidentes y enfermedades profesionales

Los accidentes, incidentes y enfermedades profesionales se deben reportar al responsable del área de recursos humanos, incluyendo al accidentado, un colega cercano o un jefe inmediato.

Los servicios de emergencia se encargan de transportar a las personas al hospital más cercano para recibir el tratamiento requerido.

Los accidentes deben ser notificados al presidente de la SST y al jefe inmediato por medio del asistente de recursos humanos en un plazo de 24 horas. Se debe entender que este asistente de RRHH también es responsable de documentar informes, investigar causas, implementar acciones correctivas y preventivas.

Mientras que el jefe inmediato se encarga de investigar el accidente, determinar las causas y tomar medidas correctivas o preventivas en los primeros cinco días.

Mientras tanto, el presidente de la SST se encarga de capacitar a las partes relacionadas con respecto a la presentación de informes, la investigación del motivo y la aplicación de contramedidas. El comité, junto con los funcionarios de SST, son encargados de indagar sobre el accidente que involucra muerte o discapacidad. Además los accidentes con estos resultados trágicos se reportan al Ministerio de Trabajo en la sede respectiva.

Auditorías internas

La empresa debe aplicar un método de realización para llevar a cabo la evaluación interna de SST, y así establecer si cumple con las normas y requisitos de un sistema de gestión determinado en dicha empresa o dispuestos por la normativa legal.

De acuerdo con lo estipulado en la OHSAS 18001, las organizaciones deben planificar auditorías internas para monitorear el cumplimiento y evaluar la efectividad de su SGSST. Cabe añadir que la evaluación debe contar con un programa basado en la importancia y el contexto del proceso que se auditará. Las deficiencias identificadas durante una auditoria deben ser corregidas de manera oportuna. Estas normas requieren un proceso de auditoria eficaz, realizado por personal competente, usando un procedimiento definido (ver figura 23).

Figura 23. La mejora continua

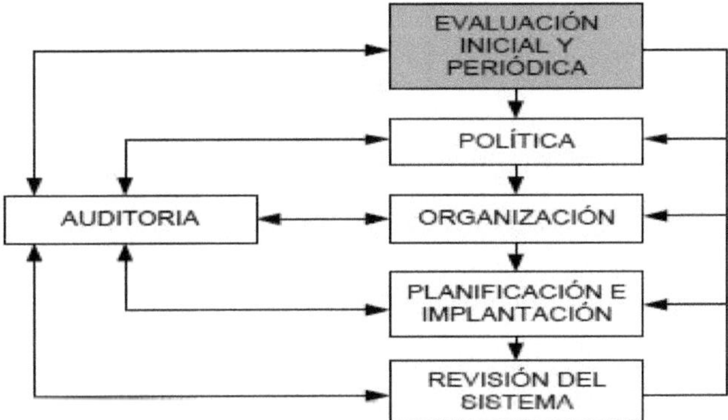

Fuente: Asociación Española de Normalización y Certificación (Ed.). *OHSAS 18001:2007. Sistemas de gestión de la seguridad y salud en el trabajo – Requisitos*, cit.

Figura 24. El proceso de la auditoría

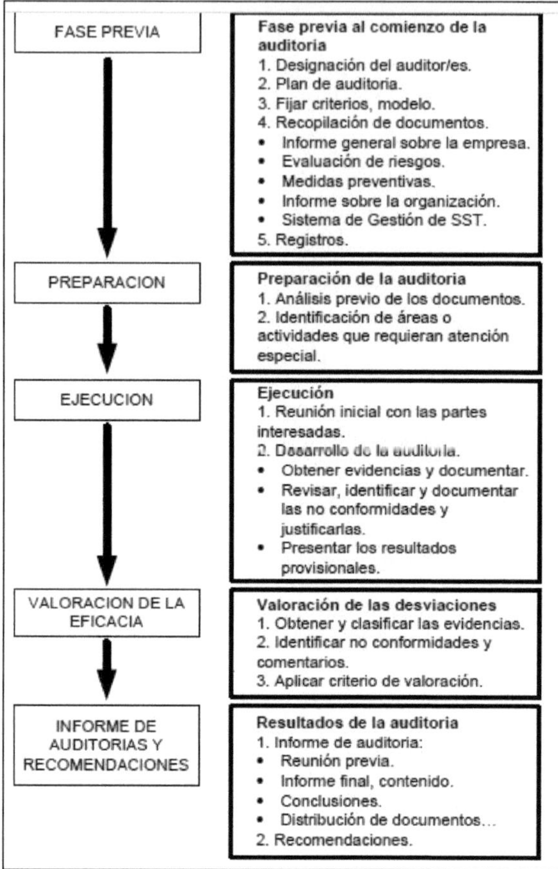

Fuente: Asociación Española de Normalización y Certificación (Ed.). *OHSAS 18001:2007. Sistemas de gestión de la seguridad y salud en el trabajo – Requisitos*, cit.

XI. Análisis e interpretación de resultados

A. Diagnóstico inicial

Se analizó los riesgos físicos, químicos, biológicos, ergonómicos y psicosociales de las operaciones.

Se muestra en los resultados el nivel de cumplimiento por cláusulas de la norma OHSAS 18001 en la empresa de SEDA-JULIACA.

Al momento de culminar la aplicación de los instrumentos de recolección de datos, se obtuvo el puntaje para cada requisito de la Norma OHSAS 18001; el total es de

30% de cumplimiento y un 70% de incumplimiento, por lo tanto se deben tomar medidas en la propuesta de SGSST.

En tal sentido, se presentan los requisitos solicitados en la norma OHSAS 18001, según sus no conformidades.

Requisitos generales

Las evidencias son las siguientes:

- No se practica el mejoramiento continuo.
- No se promueve la empatía entre empleados y empleadores.
- Falta de mecanismos que fortalezcan la retroalimentación entre empleados y empleadores.
- No existen mecanismos de reconocimiento del personal proactivo al mejoramiento continuo.
- No se utilizan metodologías para el mejoramiento continuo.

Política de SST

Las evidencias son las siguientes:

- No existe una política documentada sobre SST.
- No se toman decisiones en base a auditorías.
- El empleador no asume el liderazgo sobre SST.
- El empleador no está comprometido con la gestión de SST.
- No existe presupuesto adecuado.
- No se ha definido los requisitos para cada puesto en función de SST.

Tabla 9. Principios de la empresa

Lineamientos	**Indicador**			**Cumplimiento**
I. Compromiso	**Involucramiento**	**Sí**	**No**	**Observaciones**
	El empleador está comprometido con la seguridad y salud en el trabajo	X		

Principios	Se logra coherencia entre lo que se planifica y lo que se realiza		X	
	Se practica el mejoramiento continuo		X	
	Se mejora la autoestima y fomenta el trabajo en equipo	X		
	Se fomenta una cultura proactiva de prevención de riesgos	X		
	Se alienta la empatía del empleador hacia el trabajador o viceversa		X	
	Existen mecanismos de reconocimiento del personal proactivo al mejoramiento continuo		X	
	Se mantiene una evaluación de los riesgos primordiales que generan más pérdidas	X		
	Se utiliza una metodología para el mejoramiento continuo.		X	
	Se fomenta la participación de sindicatos, cuyos representantes tomen parte de las decisiones sobre la seguridad y salud en el trabajo		X	

Planificación

Las evidencias son:

— No existe una evaluación inicial sobre SST.
— No existe planificación sobre SST.
— No hay procedimientos para identificar los peligros y evaluar los riesgos.
— No existen objetivos en SST.
— No existen medidas preventivas.

Implementación y Operación

Se evidencia que:

— El empleador no prevé que la exposición de agentes físicos dañe al trabajador.
— El empleador no transmite información a los trabajadores, con respecto a SST.
— No se revisa el programa de SST.
— No se documentan los cursos sobre SST.
— No existen planes y procedimientos para afrontar los incidentes y situaciones de emergencia.
— No se notifica los incidentes y accidentes.

Verificación

Se evidencia lo siguiente:

— No existe el monitoreo en SST.
— Los exámenes médicos no son tomados en cuenta para las medidas correctivas.
— No se realizan investigaciones sobre los accidentes de trabajo.
— No se toman las medidas correctivas y preventivas.
— No se ha identificado las operaciones y actividades que están asociados a un riesgo.
No hay procedimientos de control.

Revisión por la Dirección

Se muestran estas evidencias:

— La Dirección no revisa ni analiza periódicamente el SGSST.

— No existe evidencia de revisión o auditorias para que la Dirección logre los fines previstos.

— No se evidencia revisión del desempeño del SG de SST (ver tabla 10).

Tabla 10. Revisión por la dirección

VII. Revisión por la dirección			**Sí**	**No**
	La alta dirección: Revisa y analiza periódicamente el sistema de gestión para asegurar que es apropiada y efectiva		X	
La medición	Las disposiciones adoptadas por la dirección para la mejora continua del sistema de gestión de seguridad y salud en el trabajo deben tener en cuenta: • Los objetivos de la seguridad y salud en el trabajo de la empresa. • Los resultados de la identificación de los peligros y evaluación de los riesgos. • Los resultados de la identificación de los peligros y evaluación de los riesgos. • Los resultados de la supervisión y medición de la eficiencia. • La investigación de accidentes, enfermedades e incidentes relacionados con el trabajo. • Los resultados y recomendaciones por las auditorias y evaluaciones realizadas por la dirección de la empresa. • Las recomendaciones del comité de seguridad y salud, o del supervisor de		X	

	seguridad y salud, o del supervisor de seguridad • Los cambios en las normas legales. • Los resultados del programa de protección y promoción de la salud. La metodología de mejoramiento continuo considera: • La identificación de las desviaciones de las prácticas y condiciones aceptadas como seguras. • El establecimiento de estándares de seguridad. • La medición y evaluación periódica del desempeño con respecto a los estándares. • La corrección y reconocimiento del desempeño.			
Gestión de la mejora continua	La investigación y auditorias permiten a la dirección de la empresa lograr los fines previstos y determinar de ser el caso, cambios en la política y objetivos del sistema de gestión.		X	
	La investigación de los accidentes, enfermedades e incidentes, debe permitir identificar: • Las causas inmediatas (actos y condiciones subestándares). • Las causas inmediatas (factores personales y factores del trabajo). • Deficiencia del sistema de gestión de seguridad y salud, para la planificación de la acción correctiva pertinente.	x		

	El empleador ha modificado las medidas de prevención de riesgos laborales cuando resulten inadecuadas e insuficientes para garantizar la seguridad y salud de los trabajadores.		X	

B. Aspectos establecidos para el sistema de gestión de salud y seguridad en la empresa

Entre los aspectos que deben incluirse en un sistema de gestión de SST, se encuentran: realizar la IPERC; efectuar un plan anual de SST; planificar las reuniones, inspecciones, limpiezas, capacitaciones y auditorías; brindar mantenimiento a las maquinarias y auditorías; así como el reglamento interno de seguridad y salud ocupacional.

1. Identificación de peligros y evaluación de riesgos (IPERC)

Con el propósito de identificar los riesgos, la empresa debe especificar los procedimientos para reconocer los peligros constantes, evaluar los riesgos y determinar las medidas de control necesarias (ver tabla 11).

Se debe incluir:

— Actividades rutinarias y no rutinarias

— Actividades del personal que acceda a las instalaciones de la planta de tratamiento.

Leyenda de la tabla 11

Exp. = Número de expuestos

TD Exp = Tiempo de exposición

F = fuente

M = medio

I = Individuo

C = consecuencias

E = Exposición

GP = grado de peligrosidad

INT. 1 = Interpretación GP

FP = factores de ponderación

GR = grado de repercusión

INT. 2 = Interpolación de GP

P = Probabilidad

Tabla 11. Diagnóstico de condiciones de trabajo en la Planta de tratamiento

Proceso	Operación	Factor de riesgo	Fuente de riesgo	Posibles efectos	# de Exp.	Tiempo de exposición (horas)	Control actual			valoración								Observaciones
							f	**m**	**i**	**C**	**P**	**E**	**GP**	**INT 1**	**FP**	**GR**	**INT 2**	
Tratamiento del agua	Coagulación	Físico	Módulo de Tratamiento	Caída a desnivel	3	1			x	10	1	6	60	bajo	1	60	bajo	Falta de barandas
	Sedimentación	Físico	decantadores	Caída a desnivel	5	2			x	10	1	6	60	bajo	1	60	bajo	No hay barandas
		Químico	decantadores	Gases suspendidos	4	4			x	1	7	6	42	bajo	1	42	bajo	Emisiones de gas
	Filtración	Físico	Pozas de filtración	Caída a desnivel	3	1		x		10	1	6	60	bajo	1	60	bajo	No hay barandas
	Cloración	Químico	Sala dosificador	Inhalación de gases	4	1		x		6	7	6	252	bajo	1	252	bajo	Olor a cloro
	Almacenamiento	Físico	reservorios	Caída a desnivel	1				X	1	7	6	42	bajo	1	42	bajo	No hay barandas

Fuente: EPS SEDA-JULIACA. *Datos generales de la empresa*, cit.

Tabla 12. Matriz de identificación de peligros, evaluación de riesgos (IPERC)

ÁREA	TAREA O ACTIVIDAD	PELIGRO	RIESGO	TIPO DE ACTI-VIDAD	CONTROL EXISTENTE	ÍNDICE DE PERSONAS EXPUESTAS (IE)	ÍNDICE DE EXPOSI-CIÓN AL RIESGO (IF)	ÍNDICE DE CAPACITA-CIÓN (ICE)	ÍNDICE DE PROCEDI-MIENTOS EXISTENTES (IPT)	ÍNDICE DE PROBA-BILIDAD IP=IE+IF+IC+IPT	ÍNDICE DE SEVE-RIDAD (IS)	MAGNITUD DEL RIESGO LABORAL IML=IPXIS	MEDIDAS DE CONTROL A IMPLEMENTAR
	Captación de agua del río Coata	Embalsa-miento del río en temporada de lluvia	Caída al río	No rutinario	Señalética	4	2	2	3	11	2	22	Señalética, informar la crecida del río, no aproximarse a la orilla del río
	Mediante Electrobombas es bombeado hacia la planta de tratamiento	Equipo sin guarda de protección	Shock eléctrico, atrapamien-to			3	2	2	3	10	2	20	Señalética de advertencia de equipo en movimiento y colocar guarda de protección.
PLANTA	Mantenimiento y limpieza de pantalla hidráulica	Caída a la pantalla hidráulica	Golpes	Rutinario	Señalética	2	2	2	2	8	2	16	Señalética de advertencia y uso de casco, botas, ropa impermeable

	Limpieza de sedimentadores	Caída o resbalón	Golpes	No rutinario	señalética	3	2	2	2	9	2	18	Señalética de advertencia uso de casco botas
	Cambio del tanque de gas cloro al dosificador	Fuga de gas	Inhalación de gas	No rutinario	señalética	2	2	2	2	8	3	24	Señalética de advertencia uso de mascarilla aseguramiento de balón durante el cambio.
Redes de distribución	Rotura y fuga en tubería matriz y redes de distribución de agua potable	Filtraciones Aniego Inundaciónes en la vía pública	Accidente automovi-lístico	No rutinario	Señalética	2	1	2	3	8	3	24	Señalética, contar con programas de control de fugas de agua
	Corte o rotura mecânica de pavimento	Equipo no adecuado	Lesiones golpes	Rutinario	Señalética	2	1	2	3	8	3	24	Colocar señalizaciones, tranqueras y cintas con avisos de no transitar, uso de mameluco, casco, botas y guantes.
Redes de distribución	Filtraciones	Hundimien-to de vereda	Caídas	Rutinario	Señalética	3	2	3	2	10	2	20	Colocar señalizaciones, en la zona de trabajo y usar casco, mameluco, guantes y botas

Fuente: Ministerio de Trabajo y Promoción del Empleo. *Aprueban formatos referenciales que contemplan la información mínima que deben contener los registros obligatorios del Sistema de gestión de Seguridad y Salud en el Trabajo*. Resolución Ministerial N.° 050-2013-TR de 14-03-2013. Lima, Perú, MTPE, 2013, disponible en [https://www.gob.pe/institucion/mtpe/normas-legales/288031-050-2013-tr].

2. Programa anual de SST para la empresa de saneamiento

En el programa se determinan los plazos y metas que se deben realizar como parte del objetivo de la propuesta de planificación, entre las que se hallan: los simulacros, inspecciones, capacitaciones, mantenimiento de equipos e inducción a trabajadores nuevos.

3. Programa de capacitación

Basado en la normativa de SST, se ha tomado en cuenta la evaluación de riesgos y se ha creado un programa anual de formación en SST, adaptado a los requerimientos de cada actividad realizada en la empresa, la descripción del cargo y las necesidades de orden técnico incluidos cursos externos. Mientras que la Gerencia de Seguridad se encarga de su elaboración, cumplimiento y evaluación, en coordinación con las jefaturas de las diferentes áreas, teniendo en cuenta los lineamientos definidos. En el estándar SSMAT-P03.03 "Capacitación" se consideran los siguientes aspectos:

- — detección de las necesidades de capacitación;
- — programación de los temas de la capacitación;
- — concientización
- — y la capacitación dentro de la jornada de trabajo;

Tener en cuenta que los registros de capacitación son conservados por el responsable de la capacitación y de cada área.

Tabla 13. Actividades relacionadas con riesgos críticos

ÍTEM	RIESGOS CRÍTICOS	OPERACIONES / ACTIVIDADES RELACIONADAS
1	Electrocución	Instalación eléctrica principal y Casa Fuerza
2	Atropello-Choque	Transporte de material y nivelación de pisos con tractor, mantenimiento de camionetas, transporte de personal, transporte de Combustible.
3	Caída de personas	Actividades de construcción y reparación de las fisuras de los decantadores, mantenimiento y reparación de equipos e instalaciones eléctricas. Actividades de excavación.
4	Gaseamiento	Actividades de mantenimiento y limpieza de tanques de cloro y combustible.
5	Lesiones a la vista	Proceso de mantenimiento de equipos o bombas electrógenos.
6	Lumbalgia	Proceso de mantenimiento y reparación de equipos. Traslado manual de materiales en almacenes.
7	Aplastamiento	Proceso de mantenimientos de bombas o vehículos
8	Corte	Cortes por mala manipulación de objetos con aristas o punzo cortantes, en procesos de mantenimiento, soldadura, obras civiles, traslado de materiales.
9	Daño auditivo inducido por ruido	Operación de compresoras, grupos electrógenos de casa fuerza, perforación
10	Enfermedades respiratorias por	Transporte de materiales, perforación, movimiento de tierras, vías de accesos:

	exposición a polvo	

Fuente: Ministerio de Trabajo y Promoción del Empleo. *Aprueban formatos referenciales que contemplan la información mínima que deben contener los registros obligatorios del Sistema de gestión de Seguridad y Salud en el Trabajo*, cit.

Tabla 14. Inspecciones

TIPO	FRECUENCIA	LUGAR	REALIZADA POR	RESPONSABLE DELCUMPLIMIENTO DE RECOMENDACIONES	PROCEDIMIENTO DE REPORTES	SEGUIMIENTO
CONTINUA	**Diaria**	Zonas de Alto Riesgo	Captación	Jefes de área	A jefes de área y	Tomar acción inmediata o iniciar reporte para tomar acciones correctivas
		Talleres	Mantenimiento			
	Semanal	Pozas, decantadoras	Mantenimiento	Supervisores	Supervisores	Tomar acción inmediata o iniciar reporte para tomar acciones correctivas
		Casa de Fuerza	Almacén			Registrar observaciones en el Anexo de Polvorines
	Mensual	Equipos	Mantenimiento	Supervisores	Supervisores	En un plazo de 10 días deberá informarse al
			Seguridad			Área de seguridad de las medidas correctivas tomadas y sus resultados.
		Orden y Limpieza	Todas las áreas			
PROGRAMADA	**Trimestral**	Unidad	Subgerencia	Supervisor de Área	Informar de las observaciones	Elaborar un programa para el levantamiento de las observaciones, indicando: responsables,
			Supervisor General		Realizadas al supervisor	
			De Seguridad		General	

						medidas a tomar y plazos.
MENSUALES	**Indeterminada**	Unidad	Comité de Seguridad	Superintendentes de Área Supervisores	Informar de las observaciones Realizadas a superintendencia General	Elaborar un Programa para el levantamiento de las observaciones, indicando: responsables, medidas a tomar y plazos.

Fuente: Ministerio de Trabajo y Promoción del Empleo. *Aprueban formatos referenciales que contemplan la información mínima que deben contener los registros obligatorios del Sistema de gestión de Seguridad y Salud en el Trabajo*, cit.

Tabla 15. Programa de simulacros

PLANTA DE TRATAMIENTO																
N.°	DESCRIPCIÓN	RESPONSABLE	ESTADO	Ene-18	Feb-18	Mar-18	Abr-18	May-18	Jun-[illegible]	Jul-18	Ago-18	Set-18	Oct-18	Nov-18	Dic-18	TOTAL
1	SIMULACRO CONTRA INCENDIOS	Jefe SSO	PROGRAMADO	1				1					1			3
2	SIMULACRO DE SISMOS	Jefe SSO	PROGRAMADO											1		2
3	SIMULACRO DE ACCIDENTES	Jefe SSO	PROGRAMADO				1				1				1	3
4	DERRAME DE SUSTANCIS PELIGROSAS	Jefe SSO	PROGRAMADO													1
TOTAL DE SIMULACROS			PROGRAMADO	1	0	0	1	1	[illegible]	0	1	0	1	1	1	9
			EJECUTADO	0	0	0	0	0	[illegible]	0	0	0	0	0	0	0
			PENDIENTE	1	0	0	1	1	[illegible]	0	1	0	1	1	1	9

Fuente: Ministerio de Trabajo y Promoción del Empleo. *Aprueban formatos referenciales que contemplan la información mínima que deben contener los registros obligatorios del Sistema de gestión de Seguridad y Salud en el Trabajo*, cit.

Tabla 16. Programa de infraestructura

PROGRAMA DE INFRAESTRUCTURA																
PLANTA DE TRATAMIENTO																
N.°	INSTALACIÓN	RESPONSABLE	ESTADO	Ene-18	Feb-18	Mar-18	Abr-18	May-18	Jun-18	Jul-18	Ago-18	Set-18	Oct-18	Nov-18	Dic-18	TOTAL
1	OFICINAS	Jefe de Área	PROGRAMADO	1		1		1		1		1		1		6
			EJECUTADO													
2	ALMACEN GENERAL	Jefe de Área	PROGRAMADO	1	1	1	1	1	1	1	1	1	1	1	1	12
			EJECUTADO													
3	CASA DE MÁQUINAS	Jefe de Área	PROGRAMADO	1	1	1	1	1	1	1	1	1	1	1	1	12
			EJECUTADO													
4	INSPECCIÓN DE EXTINTORES	Jefe SSOMA	PROGRAMADO	1	1	1	1	1	1	1	1	1	1	1	1	12
			EJECUTADO													
5	EQUIPOS DE EMERGENCIA	Paramédicos	PROGRAMADO	1		1		1		1		1		1		6
			EJECUTADO													
TOTAL INSPECCIONES			PROGRAMADO	5	3	5	3	5	3	5	3	5	3	5	3	48
			EJECUTADO													

	PENDIENTES	5	3	5	3	[illegible]	3	5	3	5	3	5	3	48

Fuente: Ministerio de Trabajo y Promoción del Empleo. *Aprueban formatos referenciales que contemplan la información mínima que deben contener los registros obligatorios del Sistema de gestión de Seguridad y Salud en el Trabajo*, cit.

Tabla 17. Programa de inspecciones de equipos y herramientas

PROGRAMA DE INSPECCIONES DE EQUIPOS Y HERRAMIENTAS																
PLANTA DE TRATAMIENTO																
N.°	UNIDADES Y EQUIPO	RESPONSABLE	ESTADO	Ene-18	Feb-18	Mar-18	Abr-18	May-18	Jun-18	Jul-18	Ago-18	Set-18	Oct-18	Nov-18	Dic-18	TOTAL
1	ELECTROBOMBAS	Jefe SSOMA	PROGRAMADO	1	1	1	1	1	1	1	1	1	1	1	1	12
			EJECUTADO													
2	VEHICULOS Y EQUIPOS MOVILES	Jefe SSOMA	PROGRAMADO	2	2	2	2	2	2	2	2	2	2	2	2	24
			EJECUTADO													
3	ELEMENTOS DE ACCESORIOS	Jefe SSOMA	PROGRAMADO	1	1	1	1	1	1	1	1	1	1	1	1	12
			EJECUTADO													
4	HERRAMIENTAS MANUALES Y ELETRICAS	Jefe SSOMA	PROGRAMADO	1	1	1	1	1	1	1	1	1	1	1	1	12
			EJECUTADO													

TOTAL DE INSPECCIONES	PROGRAMADO	5	5	5	5	5	5	5	5	5	5	5	5	60
	EJECUTADO													
	PENDIENTES	5	5	5	5	5	5	5	5	5	5	5	5	60

Tabla 18. Capacitaciones externas

Política de Seguridad y Salud en el Trabajo	Prevenir, controlar los riesgos laborales y salud en el trabajo sobre la integridad de nuestros colaboradores y minimizar los impactos ambientales en nuestros procesos y poblaciones del entorno laboral
Objetivo General	**Propuesta de Planificación del sistema de Seguridad y Salud Ocupacional en el Trabajo**
Objetivo específico	Lograr que el 90% del personal asista a las capacitaciones externas programadas obteniendo una calificación satisfactoria
Meta	% > 90
Indicador	Eficiencia (cobertura de la capacitación): total de personas capacitadas vs. programadas Eficacia (calidad de capacitación): puntaje real obtenido / puntaje esperado
Presupuesto	6000 nuevos soles
Recursos	Compromiso de todos los Jefes de área

N.º	Descripción	Responsable	Área	AÑO: 2018			Observaciones

	de la actividad	de ejecución		E	F	M	A	M	J	J	A	S	O	N	D	Fecha de verificación	Estado (realizado, pendiente, en proceso)	
01	Enviar anticipadamente los Programas de Asistencia del personal a las capacitaciones externas	Jefes de área	Todas las áreas	X	X	X	X	X	X	X	X	X	X	X	X	Mensual	En proceso	Ninguna
02	Realizar seguimiento a los programas de capacitación externa enviados por los jefes de área.	Gerencia de Seguridad y Comité Paritario de SST	Todas las áreas	X	X	X	X	X	X	X	X	X	X	X	X	Diario	En proceso	Ninguna
03	Realizar encuestas sobre la calidad del expositor y el tema expuesto	Gerencia de seguridad	Todas las áreas	X	X	X	X	X	X	X	X	X	X	X	X	Diario	Pendiente	Ninguna
04	Analizar al final de cada curso el cumplimiento de la eficiencia y	Comité Paritario de Seguridad y Jefes de área	Todas las áreas	X	X	X	X	X	X	X	X	X	X	X	X	Mensual	En proceso	Ninguna

	eficacia de su aplicabilidad																	

Fuente: Ministerio de Trabajo y Promoción del Empleo. *Aprueban formatos referenciales que contemplan la información mínima que deben contener los registros obligatorios del Sistema de gestión de Seguridad y Salud en el Trabajo*, cit.

Tabla 19. Control de riesgos ergonómicos

<table>
<tr><td colspan="2">Política de Seguridad, Salud en el Trabajo</td><td colspan="6">Prevenir, controlar los riesgos laborales y salud en el trabajo</td></tr>
<tr><td colspan="2">Objetivo General</td><td colspan="6">Propuesta de Planificación de un Sistema de Gestión de Seguridad y Salud Ocupacional en el Trabajo</td></tr>
<tr><td colspan="2">Objetivo específico</td><td colspan="6">Controlar los riesgos ergonómicos</td></tr>
<tr><td colspan="2">Meta</td><td colspan="6">Control y Prevención de riesgos ergonómicos</td></tr>
<tr><td colspan="2">Indicador</td><td colspan="6">% Confort en el área laboral</td></tr>
<tr><td colspan="2">Presupuesto</td><td colspan="6">1000 nuevos soles</td></tr>
<tr><td colspan="2">Recursos</td><td colspan="6">Compromiso de todos los Jefes de área control de los riesgos ergonómicos</td></tr>
<tr><td>N.°</td><td>Descripción</td><td>Responsable</td><td>Área</td><td>AÑO 2018</td><td></td><td></td><td></td></tr>
</table>

	de la Actividad	de Ejecución		E	F	M	A	M	J	J	A	S	O	N	D	Fecha de verificación	Estado (Realizado, Pendiente, en proceso)	Observaciones
01	Mantenimiento preventivo a los equipos y herramientas en los puestos de trabajos, en función a uso y tiempo.	Gerencia de Seguridad, y Jefes de Área	Todas las áreas	X	X	X	X	X	X	X	X	X	X	X	X	Mensual	En proceso	Ninguna
02	Identificación de los factores, evaluación de zonas de trabajo, posición en el lugar, carga límite recomendada.	Gerencia de Seguridad Jefes de Área	Todas las áreas	X	X	X	X	X	X	X	X	X	X	X	X	Mensual	En proceso	Ninguna
03	Capacitación y sensibilización a todo el personal en	‘		X	X	X	X	X	X	X	X	X	X	X	X			

	el posicionamiento postural en los puestos de trabajo, movimiento repetitivos, de trabajo- descanso, sobrecarga perceptual y mental	Jefes de Área / Gerencia de Seguridad	Todas las áreas													Mensual	En proceso	Ninguna

Fuente: Ministerio de Trabajo y Promoción del Empleo. *Aprueban formatos referenciales que contemplan la información mínima que deben contener los registros obligatorios del Sistema de gestión de Seguridad y Salud en el Trabajo*, cit.

Tabla 20. Formato de registro de inducción, capacitación y simulacros de emergencia

<table>
<tr><td>N.° REGISTRO:</td><td colspan="9">REGISTRO DE INDUCCIÓN, CAPACITACIÓN, ENTRENAMIENTO Y SIMULACROS DE EMERGENCIA</td></tr>
<tr><td colspan="10">DATOS DEL EMPLEADOR</td></tr>
<tr><td colspan="2">RAZÓN SOCIAL O DENOMINACIÓN SOCIAL</td><td>RUC</td><td colspan="2">DOMICILIO (Dirección, distrito, departamento, provincia)</td><td colspan="3">TIPO DE ACTIVIDAD ECONÓMICA</td><td colspan="2">N.° TRABAJADORES EN EL CENTRO LABORAL</td></tr>
<tr><td colspan="2">EPS. SEDA - JULIACA</td><td></td><td colspan="2">PLANTA DE TRATAMIENTO</td><td colspan="3"></td><td colspan="2"></td></tr>
<tr><td colspan="10">MARCAR X</td></tr>
<tr><td>INDUCCIÓN</td><td></td><td>CAPACITACIÓN</td><td></td><td>ENTRENAMIENTO</td><td></td><td colspan="3">SIMULACRO DE EMERGENCIA</td><td></td></tr>
<tr><td>TEMA 9</td><td colspan="9">SIMULACRO DE SISMO</td></tr>
<tr><td>FECHA</td><td colspan="9"></td></tr>
<tr><td colspan="3">NOMBRE DEL CAPACITADOR O ENTRENADOR</td><td colspan="7">ING. DE SEGURIDAD</td></tr>
<tr><td>N.° HORAS</td><td colspan="9"></td></tr>
<tr><td colspan="3">APELLIDOS Y NOMBRES DE LOS CAPACITADOS</td><td>N.° DNI</td><td colspan="2">ÁREA</td><td colspan="2">FIRMA</td><td colspan="2">OBSERVACIONES</td></tr>
<tr><td colspan="3">1.</td><td></td><td colspan="2"></td><td colspan="2"></td><td colspan="2"></td></tr>
<tr><td colspan="3">2.</td><td></td><td colspan="2"></td><td colspan="2"></td><td colspan="2"></td></tr>
<tr><td colspan="3">3.</td><td></td><td colspan="2"></td><td colspan="2"></td><td colspan="2"></td></tr>
<tr><td colspan="3">4.</td><td></td><td colspan="2"></td><td colspan="2"></td><td colspan="2"></td></tr>
<tr><td colspan="3">5.</td><td></td><td colspan="2"></td><td colspan="2"></td><td colspan="2"></td></tr>
<tr><td colspan="3">6.</td><td></td><td colspan="2"></td><td colspan="2"></td><td colspan="2"></td></tr>
<tr><td colspan="3">7.</td><td></td><td colspan="2"></td><td colspan="2"></td><td colspan="2"></td></tr>
<tr><td colspan="3">8.</td><td></td><td colspan="2"></td><td colspan="2"></td><td colspan="2"></td></tr>
<tr><td colspan="3">9.</td><td></td><td colspan="2"></td><td colspan="2"></td><td colspan="2"></td></tr>
<tr><td colspan="3">10.</td><td></td><td colspan="2"></td><td colspan="2"></td><td colspan="2"></td></tr>
<tr><td colspan="3">11.</td><td></td><td colspan="2"></td><td colspan="2"></td><td colspan="2"></td></tr>
<tr><td colspan="3">12.</td><td></td><td colspan="2"></td><td colspan="2"></td><td colspan="2"></td></tr>
<tr><td colspan="3">13.</td><td></td><td colspan="2"></td><td colspan="2"></td><td colspan="2"></td></tr>
<tr><td colspan="3">14.</td><td></td><td colspan="2"></td><td colspan="2"></td><td colspan="2"></td></tr>
</table>

15.				
16.				
17.				

Fuente: Ministerio de Trabajo y Promoción del Empleo. *Aprueban formatos referenciales que contemplan la información mínima que deben contener los registros obligatorios del Sistema de gestión de Seguridad y Salud en el Trabajo*, cit.

Tabla 21. Procedimiento Escrito de Trabajo Seguro (PETS)

<table>
<tr><td rowspan="4">PLANTA DE TRATAMIENTO
SEDA-JULIACA</td><td rowspan="2">PROCEDIMIENTO ESCRITO DE TRABAJO SEGURO</td><td>CÓDIGO</td><td rowspan="3">PETS PG 03.01</td></tr>
<tr><td rowspan="2">VERSIÓN</td></tr>
<tr><td rowspan="2">CAPACITACIÓN</td></tr>
<tr><td>FECHA</td><td>20/01/2018</td></tr>
</table>

Se presenta el modelo de plantilla con el procedimiento para cada acápite:

1. Objetivo

Describir y detallar la metodología de trabajo en la planta de tratamiento.

2. Alcance

El procedimiento inicia con el ingreso del personal nuevo a la empresa de Saneamiento SEDA-JULIACA.

3. Base Legal

3.1. Ley N.° 29783

3.2. Norma OHSAS 18001:2007

3.3. Normas de la empresa SEDA-JULIACA

4. Definiciones

4.1. Capacitación: actividad que consiste en trasmitir conocimientos teóricos y prácticos para el desarrollo de competencias, capacidades y destrezas acerca del proceso de trabajo, la prevención de los riesgos, la seguridad y la salud.

4.2 .Plan de capacitación: herramienta que permite registrar las necesidades de formación del personal en alineamiento a las necesidades del trabajo.

4.3. Capacitación externa: es la capacitación efectuada por personal externo. Se puede realizar dentro o fuera de las instalaciones de la organización.

4.4. Capacitación interna: capacitación que realiza el personal permanente de la organización.

4.5. Inducción: es una capacitación obligatoria, de preferencia al personal nuevo que ingresa a laborar a la organización. Los temas desarrollados son: de seguridad y salud ocupacional, responsabilidad social y medio ambiente.

4.6. Inducción a visitantes: se realiza inducción a todo visitante previo ingreso a la organización.

5. Responsabilidades

5.1. Gerente de recursos humanos

- Asegurar el cumplimiento de este procedimiento.
- Seguimiento al proceso en sus distintas etapas.

5.2. Gerente de área.

- Identificar las necesidades de capacitación de los trabajadores.
- Coordinar con el área de gestión la programación y ejecución de las capacitaciones de acuerdo a la prioridad o necesidad del área trabajo.
- Asegurar la asistencia del personal nuevo bajo su cargo a la participación de inducción.
- Garantizar que los jefes de área asistan a los cursos de riesgos operacionales.

5.3. Supervisor

Brinda inducción específica a los trabajadores nuevos bajo su responsabilidad y asegura la asistencia del personal nuevo bajo su cargo a la participación del módulo específico para riesgos operacionales.

5.4. Trabajador

Asiste a la capacitación programada por su supervisor en las fechas que se les indica.

6. Desarrollo

Tabla 22. Actividades relacionadas con capacitaciones

Actividad	Responsable	Descripción	Registro
Capacitación	Coordinadores De Gestión	1. La asistencia de los trabajadores y expositores será debidamente controlado con el registro de participación (SSOMA FG.01) o por los informes emitidos. 2. Los planes de capacitación pueden ser individuales o grupales y se pueden llevar a cabo dentro o fuera del lugar de trabajo. Es importante contribuir con el cumplimiento de la política de seguridad y salud en el trabajo, así como con los procedimientos instructivos y requisitos del sistema de gestión. 3. La concientización y sensibilización de los trabajadores se realizará a través de charlas de cinco minutos, reuniones grupales e inducción. 4. El cumplimiento de las reuniones grupales se desarrolla de acuerdo al procedimiento de reuniones grupales. 5. Realizar evaluaciones que midan el nivel de conocimiento adquirido de los cursos de capacitación e inducción. 6. Remitir el informe de gestión de capacitación a la gerencia general cuando esta lo requiera.	

Conclusiones

Proponer un SGSST es un proceso al que cualquier empresa, sin importar el rubro, se debe someter si quiere controlar sus riesgos para el SST y mejorar su desempeño laboral.

Al desarrollar el diagnóstico inicial se determinó que el nivel de cumplimiento de la norma OHSAS, en la empresa de saneamiento SEDA-JULIACA es del 30% lo cual indica que esta empresa no cuenta con un buen sistema de gestión, por lo que necesario que se implemente un SGSST según las disposiciones legales requeridas.

Los procesos involucrados en el reconocimiento de los peligros y la evaluación de los riesgos tienen como objetivo integrar y demostrar el cumplimiento del SGSST, lo cual orienta los empleados involucrados en las diversas operaciones ejecutadas dentro de la empresa SEDA-JULIACA.

Así mismo, se elaboró el IPERC para cada actividad que se realiza en la planta de tratamiento de la empresa SEDA-JULIACA, lo cual es esencial para brindar las medidas necesarias que será consideradas en la propuesta.

Sugerencias

A las empresas, se sugiere describir de manera sencilla y de fácil entendimiento sobre la política y metas del SGSST, ya que es indispensable para el progreso constante de la organización.

También se debe precisar sobre los accidentes y enfermedades en el trabajo para llevar a cabo acciones preventivas, de igual manera es indispensable la aplicación de un plan de emergencias.

Así mismo, se recomienda hacer un estudio técnico de acuerdo con las necesidades de EPP de cada puesto de trabajo y capacitar a los trabajadores respecto al uso y protección.

Además, se sugiere capacitar al personal de manera constante, así como realizar la actualización de las normas internacionales y normas vigentes nacionales para las jefaturas y personal asignado en el liderazgo de la prevención de riesgos laborales.

CAPÍTULO QUINTO:

PLAN DE EMERGENCIA A NIVEL EMPRESARIAL ¿UNA OBLIGACIÓN O UNA MEDIDA PREVENTIVA?

En el transcurso de los años ha ocurrido distintos desastres naturales y pandemias, lo cual ha conllevado a crisis económicas, sociales, etc., En ese sentido, se han desarrollado entidades responsables de la gestión de riesgos, con el propósito de reducir el nivel de criticidad e impacto en la población, estar prevenidos para próximas contingencias e incrementar la productividad en cada país[61].

Entonces, es necesario que las empresas diseñen un plan "para prevenir y anticiparse ante los desastres parciales o totales"[62], tales como incendios, movimientos telúricos, inundaciones, entre otros; brindar estrategias que permitan a los responsables tener información sobre cómo actuar antes, durante y después de presentarse estas contingencias.

Por tal motivo, el plan de emergencia para la empresas debe ser una prioridad, en el cual se debe tener en cuenta las políticas o procesos para responder de manera inmediata ante la situación ocurrida en la empresa. Esto está determinado no solo por la normativa vigente, sino también por los requerimientos de cada empresa y las condiciones ambientales y sociales a las que está expuesta[63].

Según Bello *et al.*[64], un plan para estas situaciones debe incluir:

---

[61] World Economic Forum. *The Global Risks Report 2023*, 18.ª ed., Suiza, Worl Economic Forum, 2023, disponible en [https://es.weforum.org/reports/global-risks-report-2023].

[62] Cristian Giovanni Rodríguez Rodríguez. "La importancia de un plan de continuidad del negocio". *Universidad Piloto de Colombia,* vol. 1, pp. 1 a 10, 2020, disponible en [http://repository.unipiloto.edu.co/handle/20.500.12277/9547], p. 1.

[63] María Alejandra Orjuela Perdomo y María Alejandra Ruge Vera. "Propuesta de implementación del plan de emergencias y contingencias para la empresa Inversiones Jomayosa SAS basado en la norma 45001:2018" (tesis de maestría). Bogotá, Colombia, Universidad ECCI, 2021, disponible en [https://repositorio.ecci.edu.co/handle/001/1289].

[64] Omar Bello, Alejandro Bustamante y Paulina Pizarro. *Planning for disaster risk reduction within the framework of the 2030 Agenda for Sustainable Development.* Santiago, ECLAC, 2021, disponible en [https://repositorio.cepal.org/server/api/core/bitstreams/ae6fe59f-e288-431b-8edd-7cbe1f760c8d/content].

— un método preferencial para informar sobre los incendios u otras emergencias;

— política y procedimientos de evacuación;

— asignación de rutas y modos de escape ante una emergencia (planos del área, reconocimiento de zonas de emergencia o refugio);

— datos de cada personal de la brigada de emergencia;

— procedimientos que los empleados deben seguir efectuar o detener operaciones críticas en su área, para operar extintores contra incendios o para evacuar al escuchar la alarma de emergencia;

— y acciones de rescate o médicas para aquellos empleados designados.

Su importancia radica en que optimiza la preparación y capacidad de respuesta de los empleados al brindar primeros auxilios, reduce la vulnerabilidad a situaciones de emergencia a partir de empleados capacitados y aumenta el conocimiento técnico mediante el uso de materiales de aprendizaje prácticos basados en prácticas recreativas.

Otros beneficios esenciales se centran en motivar a los empleados a participar en las diversas tareas de intervención para enfrentar ante desastres, construir un entorno laboral apacible y seguro, minimizar el impacto y gravedad de posibles desastres y con ello evitar pérdidas humanas y económicas[65].

[65] María Alejandra Orjuela Perdomo y María Alejandra Ruge Vera. "Propuesta de implementación del plan de emergencias y contingencias para la empresa Inversiones Jomayosa SAS basado en la norma 45001:2018", cit.

BIBLIOGRAFÍA

Abril Sánchez, Cristina; Antonio Enríquez Palomino y José Manuel Sánchez Rivero. *Guía para la integración de sistemas de gestión: calidad, medio ambiente y salud en el trabajo*, 2.ª ed., Madrid, España, Fundación Confemetal, 2012.

Achinte Hurtado, Adriana Stella y Sidney Oriana Henao Clavijo. "Planificación del sistema de gestión de seguridad y salud en el trabajo para una empresa de mantenimiento locativo basado en el Decreto 1072 de 2015, período 2015-2016" (tesis de especialidad). Cali, Colombia, Universidad Libre, 2016, disponible en [https://repository.unilibre.edu.co/handle/10901/9893?show=full].

Agustini Paredes, Liliana Rosalinda; Pedro Pablo Rosales López y Anwar Julio Yaroin Achachagua. *Ratios de accidentabilidad*. Lima, Perú, Universidad Nacional Mayor de San Marcos, 2021, disponible en [https://industrial.unmsm.edu.pe/wp-content/uploads/2021/04/PSEG103-Ratios-de-Accidentabilidad.pdf].

Alcántara Moreno, Gustavo. "La definición de salud de la Organización Mundial de la Salud y la interdisciplinariedad". *Sapiens, Revista Universitaria de Investigación*, vol. 9, n.° 1, 2008, pp. 93 a 107, disponible en [https://www.redalyc.org/pdf/410/41011135004.pdf].

Asociación Española de Normalización y Certificación (Ed.). *OHSAS 18001:2007. Sistemas de gestión de la seguridad y salud en el trabajo - Requisitos*. Madrid, AENOR, 2007, disponible en [https://infomadera.net/uploads/descargas/archivo_49_Sistemas%20de%20gesti%C3%B3n%20de%20seguridad%20y%20salud%20OHSAS%2018001-2007.pdf].

Barrera-García, Aníbal; Alejandro González-Delgado y Damayse Pérez-Fernández. "Identificación de factores incidentes en la accidentalidad laboral en empresas de Cienfuegos". *Ingeniería Industrial*, vol. 37, n.° 2, 2016, pp. 127 a 137, disponible en [https://www.redalyc.org/articulo.oa?id=360446197003].

Bello, Omar; Alejandro Bustamante y Paulina Pizarro. *Planning for disaster risk reduction within the framework of the 2030 Agenda for Sustainable Development*. Santiago, ECLAC, 2021, disponible en [https://repositorio.cepal.org/server/api/core/bitstreams/ae6fe59f-e288-431b-8edd-7cbe1f760c8d/content].

Bernal Mateus, María del Carmen. *La norma OHSAS 18001 y su implementación*, 2.ª ed., Bogotá, Colombia, ICONTEC, 2009.

Bustamante Granda, Fernando. "Sistema de gestión en seguridad basado en la norma OHSAS 18001 para la empresa constructora eléctrica IELCO" (tesis de maestría). Ecuador, Universidad Politécnica Salesiana, 2013, disponible en [https://dspace.ups.edu.ec/handle/123456789/5375].

Carrera Endara, Carlos Fernando Atahualpa; Cristian Heriberto Ligña Cumbal, Galo Renan Moreno Cueva y Ruben Morales Carrera. *Sistemas de gestión de calidad*. Estados Unidos, Compás, 2018, disponible en [http://142.93.18.15:8080/jspui/bitstream/123456789/466/3/SISTEMAS%20DE%20GESTI%C3%93N%20DE%20LA%20CALIDAD.pdf].

Congreso de la República. *Ley de Seguridad y Salud en el Trabajo*. Ley N.° 29783 de 20-08-2011. Lima, Perú, Congreso de la República, 2011, disponible en [https://web.ins.gob.pe/sites/default/files/Archivos/Ley%2029783%20SEGURIDAD%20SALUD%20EN%20EL%20TRABAJO.pdf].

Congreso de la República. *Ley que modifica la ley 29783, Ley de Seguridad y Salud en el Trabajo*. Ley N.° 30222 de 11-07-2014. Lima, Perú, Congreso de la República, 2014, disponible en [https://leyes.congreso.gob.pe/Documentos/Leyes/30222.pdf].

CONICYT. *Manual de normas: bioseguridad y riesgos asociados*. Chile, Fondecyt-CONICYT, 2018.

Contri Campanelli, Leandro y Lucas Desiderio Ribeiro. "Involvement of Brazilian companies with occupational health and safety aspects and the new ISO 45001:2018". *Production*, vol. 31, 2021, pp. 1 a 13, disponible en [https://doi.org/10.1590/0103-6513.20210005].

Cortés Díaz, José María. *Seguridad e higiene del trabajo: Técnicas de prevención de riesgos laborales*, 12.ª ed., Madrid, España, Tébar, 2012.

Cuba Miranda, Ramiro y César Mercado Rivero. "Implementación de un plan de seguridad y salud ocupacional en las labores de mantenimiento, planchado y pintura en la empresa Fátima Car Service Srl – Cusco – 2021" (tesis de licenciatura). Cusco, Perú, Universidad Continental, 2022, disponible en [https://hdl.handle.net/20.500.12394/11814].

Del Pezo De la Cruz, Otto Gabriel. "Modelo de gestión de seguridad y salud ocupacional para la empresa de agua potable, aguas de Península - Aguapen S. A." (tesis de maestría). Ecuador, Universidad Politécnica Salesiana, 2013, disponible en [https://dspace.ups.edu.ec/handle/123456789/4829].

Dirección de Desarrollo Estratégico. *Aplicación del ciclo de Deming o PDCA para la gestión de la calidad en la educación superior: una introducción*. Chile, Universidad de Concepción, 2020, disponible en [https://desarrolloestrategico.udec.cl/wp-content/uploads/2021/01/DDD-N-4-Ciclo-Deming.pdf].

ENEL. *Reglamento interno de seguridad y salud en el trabajo*. Lima, Perú, ENEL, 2021, disponible en [https://www.enel.pe/content/dam/enel-pe/sostenibilidad/sistemas-de-gesti%C3%B3n/enel-distribuci%C3%B3n/sistemas-de-gesti%C3%B3n-actualizados/Reglamento%20Interno%20de%20Seguridad%20y%20Salud%20en%20el%20Trabajo%20-%20V9.pdf].

EPS SEDA-JULIACA. *Datos generales de la empresa*. Juliaca, Perú, EPES SEDA-JULIACA, 2023, disponible en [https://SEDA-JULIACA.com/datos-dela-empresa/].

EPS ILO S.A. *Disposiciones que regulan el régimen disciplinario y procedimiento sancionador de la EPS ILO S.A*. Lima, Perú, EPS ILO S.A., 2020.

Gadea García, Adrián Wilfredo. "Propuesta para la implementación del sistema de gestión de seguridad y salud en el trabajo en la empresa SUMIT S.A.C." (tesis de licenciatura). Lima, Perú, Universidad de Lima, 2016, disponible en [https://repositorio.ulima.edu.pe/bitstream/handle/20.500.12724/3497/Gadea_Garcia_Adrian.pdf?sequence=1&isAllowed=y].

González González, Nury Amparo. "Diseño del sistema de gestión en seguridad y salud ocupacional, bajo los requisitos de la norma NTC-OHSAS 18001 en el proceso de fabricación de cosméticos para la empresa Wilcos S.A." (tesis de licenciatura). Bogotá, Colombia, Pontificia Universidad Javeriana, 2009, disponible en [http://hdl.handle.net/10554/7232].

Henao Robledo, Fernando. *Salud Ocupacional: conceptos básicos*, 2.ª ed., Bogotá, Colombia, Ecoe Ediciones, 2010.

Hernández Domínguez, Juan Daniel. "Seguridad ocupacional para prevenir accidentes en la industria". *Revista Iberoamericana de Producción Académica y Gestión*

Educativa, vol. 5, n.° 10, 2018, pp. 1 a 9, disponible en [https://www.pag.org.mx/index.php/PAG/article/view/773/1109].

Hernández-Sampieri, Roberto y Christian Paulina Mendoza Torres. *Metodología de la investigación: las rutas cuantitativa, cualitativa y mixta*. Ciudad de México, McGraw-Hill Interamericana Editores, 2018.

INACAL. *Señales de Seguridad. Símbolos gráficos y colores de seguridad. Parte 1: Reglas para el diseño de las señales de seguridad y franjas de seguridad*. NTP 399.010-1 de 29-12-2016. Lima, Perú, INACAL, 2016, disponible en [https://minercode.org/normastecnicasperuanas/399010-1-2016.pdf].

Instituto Nacional de Estadística e Informática. *Estado de la población peruana 2020*. Lima, Perú, INEI, 2020, disponible en [https://www.inei.gob.pe/media/MenuRecursivo/publicaciones_digitales/Est/Lib1743/Libro.pdf].

Instituto Nacional de Estadística e Informática. *Síntesis Estadística 2016*. Lima, Perú, INEI, 2016, disponible en [https://www.inei.gob.pe/media/MenuRecursivo/publicaciones_digitales/Est/Lib1391/libro.pdf].

Lazo González, Silvia Estefanía. "Implementación de sistema de gestión de seguridad y salud en el trabajo para la realización de lasaña tradicional en la empresa Pizzerias Presto en base a Ley N.° 28783 Ley de Seguridad y Salud en el Trabajo" (tesis de licenciatura). Arequipa, Perú, Universidad Católica de Santa María, 2016, disponible en [https://repositorio.ucsm.edu.pe/handle/20.500.12920/5518].

Mancera Fernández, Mario; María Teresa Mancera Ruíz, Mario Ramón Mancera Ruíz y Juan Ricardo Mancera Ruíz. *Seguridad e higiene industrial. Gestión de riesgos*. Colombia, Editorial Alfaomega, 2012, disponible en [https://ashconsultores.com.ar/wp-content/uploads/2019/06/Libro_Seguridad_e_Higiene_industrial_ges.pdf].

Matabanchoy Tulcán, Sonia Maritza. "Salud en el trabajo". *Universidad y Salud*, vol. 14, n.° 1, 2012, pp. 87 a 102, disponible en [https://revistas.udenar.edu.co/index.php/usalud/article/view/1270].

Mejía, Christian; Matlin Cárdenas y Raúl Gomero-Cuadra. "Notificación de accidentes y enfermedades laborales al Ministerio de Trabajo. Perú 2010-2014". *Revista Peruana de Medicina Experimental y Salud Pública*, vol. 32, n.° 3, 2015, pp. 526 a 531, disponible en [https://doi.org/10.17843/rpmesp.2015.323.1689].

Ministerio de Energía y Minas. *Decreto Supremo que aprueba el Reglamento de Seguridad y Salud Ocupacional y otras medidas complementarias en minería*. Decreto Supremo N.° 055-2010-EM de 01-01-2011, Lima, Perú, MINEM, 2011, disponible en [https://www.minem.gob.pe/minem/archivos/file/Mineria/LEGISLACION/2010/AGOSTO/DS%20055-2010--EM.pdf].

Ministerio de Energía y Minas. *Código Nacional de Electricidad: utilización*. Lima, Perú, MINEM, 2006, disponible en [http://www.pqsperu.com/Descargas/NORMAS%20LEGALES/CNE.PDF].

Ministerio de Trabajo, Empleo y Seguridad Social. *Salud y Seguridad en el Trabajo (SST). Aportes para una cultura de la prevención*. Argentina, OIT, 2014, disponible en [https://www.ilo.org/wcmsp5/groups/public/@americas/@ro-lima/@ilo-buenos_aires/documents/publication/wcms_248685.pdf].

Ministerio de Trabajo y Promoción del Empleo. *Aprueban reglamento de seguridad y salud en el trabajo*. Decreto Supremo N.° 009-2005-TR de 29-09-2005, Lima, Perú, MTPE, 2005, disponible en [https://oiss.org/wp-content/uploads/2018/11/12-03_Reglamento_de_Seguridad_y_salud_en_el_trabajo_2005-09-29_009-2005-TR_487.pdf].

Ministerio de Trabajo y Promoción del Empleo. *Ley de Seguridad y Salud en el Trabajo, su reglamento y modificatorias*. Lima, Perú, MTPE, 2017, disponible en [https://cdn.www.gob.pe/uploads/document/file/349382/LEY_DE_SEGURIDAD_Y_SALUD_EN_EL_TRABAJO.pdf].

Ministerio de Trabajo y Promoción del Empleo. *Notificaciones de accidentes de trabajo, incidentes peligrosos y enfermedades ocupacionales*. Lima, Perú, MTPE, 2022, disponible en [https://cdn.www.gob.pe/uploads/document/file/4327880/SAT_DICIEMBRE_2022.pdf?v=1679929130].

Ministerio de Trabajo y Promoción del Empleo. *Aprueban formatos referenciales que contemplan la información mínima que deben contener los registros obligatorios del Sistema de gestión de Seguridad y Salud en el Trabajo*. Resolución Ministerial N.°

050-2013-TR de 14-03-2013. Lima, Perú, MTPE, 2013, disponible en [https://www.gob.pe/institucion/mtpe/normas-legales/288031-050-2013-tr].

Ministerio de Vivienda, Construcción y Saneamiento. *Decreto Supremo que modifica el Reglamento de Organización y Funciones del Ministerio de Vivienda, Construcción y Saneamiento*. Decreto Supremo N.° 010-2014-VIVIENDA de 03-03-2015, Lima, Perú, MVCS, 2015, disponible en [https://cdn.www.gob.pe/uploads/document/file/360774/DS-006-2015-VIVIENDA.pdf].

Morell González, Luisa María; Rosa Maricela Cedeño Zambrano y Sarai Ramírez Cruz. "Gestión sistémica de los riesgos institucionales. Diagnóstico en la Universidad Agraria de La Habana y la universidad Técnica de Manabí". *Cofin Habana*, vol. 13, n.° 1, 2019, pp. 1 a 10, disponible en [http://scielo.sld.cu/scielo.php?script=sci_arttext&pid=S2073-60612019000300016].

Niciejewska, Marta y Olga Kiriliuk. "Occupational health and safety management in 'small size' enterprises, with particular emphasis on hazards identification". *Production Engineering Archives*, vol. 26, n.° 4, 2020, pp. 195 a 201, disponible en [https://sciendo.com/article/10.30657/pea.2020.26.34].

Organización Internacional del Trabajo. *La seguridad y salud en el trabajo en Perú. Una mirada desde los convenios internacionales del trabajo no ratificado*. Perú, OIT, 2022, disponible en [https://www.ilo.org/wcmsp5/groups/public/---americas/---ro-lima/documents/publication/wcms_884854.pdf].

Organización Internacional del Trabajo. *Inspección de seguridad y salud en el trabajo. Módulo de formación para inspectores*. Argentina, OIT, 2017, disponible en [https://www.ilo.org/wcmsp5/groups/public/---americas/---ro-lima/---ilo-buenos_aires/documents/publication/wcms_592318.pdf].

Orjuela Perdomo, María Alejandra y María Alejandra Ruge Vera. "Propuesta de implementación del plan de emergencias y contingencias para la empresa Inversiones Jomayosa SAS basado en la norma 45001:2018" (tesis de maestría). Bogotá, Colombia, Universidad ECCI, 2021, disponible en [https://repositorio.ecci.edu.co/handle/001/1289].

Ortega Alarcón, Jaime Antonio; Jorge Rafael Rodríguez López y Hugo Hernández Palma. "Importancia de la seguridad de los trabajadores en el cumplimiento de procesos, procedimientos y funciones". *Revista Academia & Derecho*, vol. 8, n.° 14, 2017, pp. 155 a 176, disponible en [https://dialnet.unirioja.es/servlet/articulo?codigo=6713605].

Pastor Fernández, Andrés; Manuel Otero Mateo, José María Portela Núñez y José Luis Viguera Cebrián. *Manual de prácticas de seguridad en el trabajo*. España, Editorial UCA, 2016.

Pérez Cabrera, Arturo Miguel. "Incidencia de los riesgos por accidentes en los costos operativos de las concesiones mineras de recursos no metálicos de Patapo – Lambayeque" (tesis de pregrado). Pimentel, Perú, Universidad Señor de Sipán, 2019, disponible en [https://repositorio.uss.edu.pe/handle/20.500.12802/5551].

Pérez, José Luis. "Sistema de gestión en seguridad y salud ocupacional aplicado a empresas contratistas en el sector económico minero metalúrgico" (tesis de maestría). Lima, Perú, Universidad Nacional de Ingeniería, 2007, disponible en [http://hdl.handle.net/20.500.14076/633].

Presidencia de la República del Perú. *Aprueban la ley de Seguridad y Salud en el Trabajo*. Decreto Supremo N.° 005-2012-TR de 01-11-2016. Lima, Perú, Presidencia de la República del Perú, 2016, disponible en [https://www.gob.pe/institucion/presidencia/normas-legales/462577-005-2012-tr].

Purga Ruiz, Wendy Arelí y Anthony Percy Torres Vargas. "Propuesta de implementación de un sistema de seguridad y salud ocupacional basado en la norma OHSAS 18001:2007 para evitar costos por incidentes en el consorcio Alvac Johesa" (tesis de licenciatura). Lima, Perú, Universidad Privada del Norte, 2017, disponible en [https://repositorio.upn.edu.pe/handle/11537/12390].

Raffo Lecca, Eduardo. *Introducción a la seguridad y salud en el trabajo*. Lima, Colecciones Jovic, 2016.

Rodríguez Mesa, Rafael. *Sistema general de riesgos laborales*, 3.ª ed., Colombia, Universidad del Norte, 2017.

Rodríguez Rodríguez, Cristian Giovanni. "La importancia de un plan de continuidad del negocio". *Universidad Piloto de Colombia*, vol. 1, pp. 1 a 10, 2020, disponible en [http://repository.unipiloto.edu.co/handle/20.500.12277/9547].

Romero Albán, Ángela Liliana. "Diagnóstico de normas de seguridad y salud en el trabajo e implementación del reglamento de seguridad y salud en el trabajo en la Empresa Mirrorteck Industries S.A." (tesis de maestría). Ecuador, Universidad de Guayaquil, 2014, disponible en [http://repositorio.ug.edu.ec/handle/redug/4494].

Sabogal Barbosa, Maritza Edilma y Félix Eduardo Rodríguez Medina. "Competencias del técnico en el área de trabajo. Un análisis del programa técnico manejo de prevención de riesgos laborales de la Fundación Universitaria San Mateo". *Plataforma Abierta de Libros y Memorias Académicas*, vol. 1, 2019, pp. 9 a 36, disponible en [https://cipres.sanmateo.edu.co/ojs/index.php/libros/article/view/396].

SUNAFIL. *Informe para la transferencia de gestión de la Superintendencia Nacional de Fiscalización Laboral – SUNAFIL. Período de gobierno 2011 – 2016*. Lima, Perú, SUNAFIL, 2016.

Terán Pareja, Itala Sabrina. "Propuesta de implementación de un sistema de gestión de seguridad y salud ocupacional bajo la norma OHSAS 18001 en una Empresa de Capacitación Técnica para la Industria" (tesis de licenciatura). Lima, Pontificia Universidad Católica del Perú, 2012, disponible en [http://hdl.handle.net/20.500.12404/1620].

Tirado Medina, Jefferson Andrée y Víctor Luis Vega Ybáñez. "Propuesta para la implementación de un plan de seguridad y salud ocupacional para controlar los riesgos y reducir los accidentes en la división de mantenimiento de la empresa de servicio de agua potable y alcantarillado de la Libertad - Sedalib S.A." (tesis de licenciatura). Trujillo, Perú, Universidad Nacional de Trujillo, 2017, disponible en [http://dspace.unitru.edu.pe/handle/UNITRU/8880].

Valladarez Tola, Jaime Mauricio. "Implementación del sistema de gestión en seguridad y salud ocupacional bajo una nueva versión de la norma OHSAS 18001:2007 en la Corporación Eléctrica de Ecuador Celec-Hidropaute" (tesis de maestría). Ecuador, Universidad de Cuenca, 2010, disponible en [http://dspace.ucuenca.edu.ec/handle/123456789/2631].

Vásquez Ojeda, Marco Antonio. "Implantación de un sistema de gestión de seguridad y salud ocupacional en el proyecto especial Olmos – Tinajones – Lambayeque" (tesis de maestría). Trujillo, Perú, Universidad de Trujillo, 2016, disponible [http://dspace.unitru.edu.pe/items/62188267-261a-49a1-bf9d-9ad96b750193].

World Economic Forum. *The Global Risks Report 2023*, 18.ª ed., Suiza, Worl Economic Forum, 2023, disponible en [https://es.weforum.org/reports/global-risks-report-2023].

Printed by Books on Demand GmbH, Norderstedt / Germany